GUIDE PRATIQUE

POUR LE BON AMÉNAGEMENT

DES

[ABITATIONS DES ANIMAUX

AVIS. — Pour la reproduction du texte en langues étrangères et des planches, MM. les Éditeurs pourront s'adresser à M. Lacroix.

PRINCIPAUX OUVRAGES DU MÊME AUTEUR.

L'Agriculture en 1862. Expositions et concours. 1 vol. in-12. 3 fr.

L'Agriculture en 1863. Expositions et concours. — A travers champs. In-12. 3 fr.

La connaissance générale du Bœuf. Études de zootechnie pratique. 1 vol. et atlas grand in-8°. 10 fr.

La connaissance générale du Cheval. 1 vol et atlas grand in-8°. 15 fr.

Encyclopédie pratique de l'Agriculteur. Dix volumes parus. Prix du volume 7 fr.
Ces trois ouvrages en collaboration avec M. L. Moll.

La France chevaline : 1re partie, *Institutions hippiques*, contenant l'histoire de l'administration des haras, étalons approuvés et autorisés, étalons départementaux, primes à la production et à l'élève ; courses au trot, au galop, steeple-chase. 4 vol. in-8°. 26 fr.

2e partie, *Études hippologiques* traitant de toutes les questions de science qui aboutissent à la production et à l'élève des chevaux ; étude physiologique de toutes les races du pays et de leurs transformations. 4 vol. 26 fr.

Le Bétail gras et les Concours d'animaux de boucherie. 1 vol. in-8° de 204 pages avec figures. 3 50

Paris. — Typographie HENNUYER ET FILS, rue du Boulevard, 7.

BIBLIOTHÈQUE DES PROFESSIONS INDUSTRIELLES ET AGRICOLES.

Série H. No 5.

GUIDE PRATIQUE

POUR

LE BON AMÉNAGEMENT

DES

HABITATIONS DES ANIMAUX

PAR EUG. GAYOT

Membre de la Société impériale et centrale d'agriculture
de France.

LES ÉCURIES ET LES ÉTABLES.

PARIS

LIBRAIRIE SCIENTIFIQUE, INDUSTRIELLE ET AGRICOLE

Eugène LACROIX, Éditeur

LIBRAIRE DE LA SOCIÉTÉ DES INGÉNIEURS CIVILS

15, quai Malaquais, 15.

1864

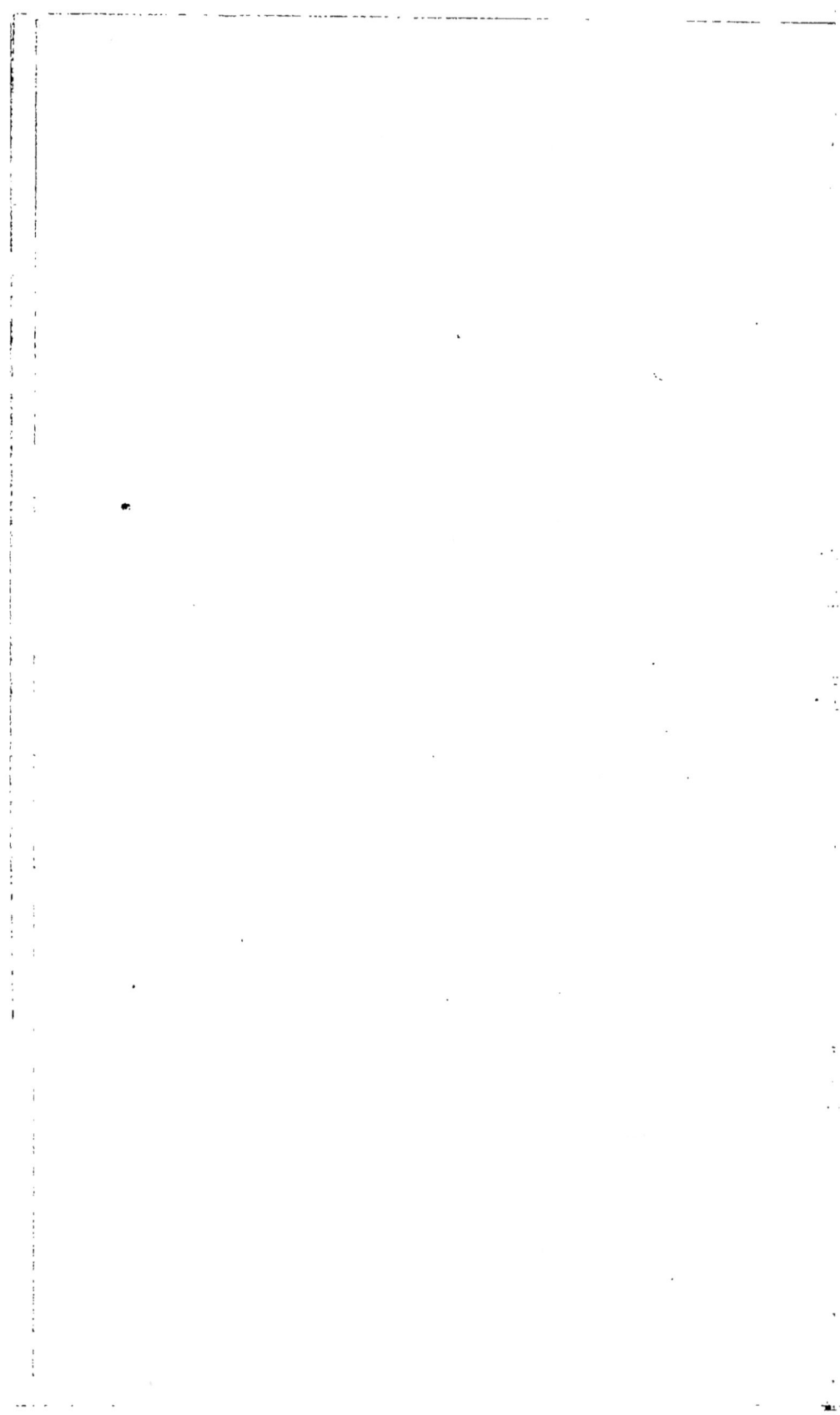

GUIDE PRATIQUE

POUR LE BON AMÉNAGEMENT

DES

HABITATIONS DES ANIMAUX

———⟶⟨∞⟩⟵———

LES CONDITIONS GÉNÉRALES D'ÉTABLISSEMENT.

A. LE SUJET A VOL D'OISEAU.

L'évidence ne se prouve pas. — L'état sauvage et l'état domestique. —
Le froid et le chaud. — Les espèces civilisées. — Les expériences de
Kuers. — A chacun sa case. — Le guide pratique du constructeur. —
Vices et malentente. — Les habitations impossibles. — Les monuments. — Ensemble et détails. — Les règles générales. — Problème
à résoudre. — Laboratoire d'un nouveau genre. — Une organisation
modèle.

Nous ne chercherons point à justifier l'utilité pratique du
logement pour les animaux ; elle tombe sous les sens et l'évidence ne se prouve pas.

Certes, il serait oiseux de s'attacher à démontrer que l'homme
civilisé ne peut se passer d'une habitation commode, salubre
et confortable.

La question est la même pour les animaux qui le suivent.

Tous ont pu vivre à l'état sauvage, mais bien autre est l'existence en l'état de domesticité.

Aucun animal ne saurait être développé dans ses facultés
natives, dans ses aptitudes propres, et produire activement
dans le sens de ces dernières si on ne le place dans les meil-

1

leures conditions d'alimentation, de logement, de multiplication.

Le froid et le chaud, toutes les vicissitudes de l'atmosphère
exercent sur la nature animale des impressions très-vives, des
effets très-divers contre lesquels les animaux se défendent plus
ou moins heureusement lorsqu'ils jouissent de leur libre arbitre,
contre lesquels il faut savoir les protéger avec efficacité lorsqu'ils sont dans la complète dépendance du maître.

Quant à présent, n'insistons pas davantage sur le fait. Aussi
bien la nécessité d'un abri n'est plus contestée. On veut mieux
aujourd'hui et l'on a raison. Après avoir si longtemps négligé
l'habitation du bétail, on demande de toutes parts à connaître
les meilleures dispositions à donner au logement de chacune
de nos espèces. Sous ce rapport comme sous les autres, les
besoins de celles-ci varient; on les satisfait d'une manière
d'autant plus profitable, qu'on les a mieux étudiés. Civiliser
une espèce animale, ce n'est pas la violenter, mais la conquérir
dans toute son expansion ; ce n'est pas la contrarier dans ses
instincts, mais imprimer à ceux-ci la direction la plus utile au
but de son entretien ; c'est la mettre dans la situation la plus
favorable au genre de vie qu'on lui fait, à la nature de produits
qu'elle est appelée à élaborer aussi abondamment que possible.

Dans cet ordre d'idées, le logement tient une place considérable et nous voulons, sans plus attendre, en offrir un exemple
frappant.

« Quoique les bêtes adultes, dit M. L. Moll, surtout dans
l'espèce ovine, soient peu sensibles à un froid modéré, il est
bon de les en garantir, parce qu'une température basse influe
défavorablement sur la formation des divers produits que nous
donnent les animaux, chair, graisse, lait, une portion considérable de la nourriture n'étant employée alors qu'à produire de
la chaleur. »

Ce fait a été constaté bien souvent, et l'expérience suivante
de Kuers vient le confirmer. Trois lots, chacun de cinq moutons de même race, de même âge et de même poids, furent
placés, le premier dans un parc en plein air ; le second sous

un hangar ; le troisième dans une bergerie ouverte d'un côté. Tous reçurent des navets et du foin à discrétion. Après un certain laps de temps on les pesa.

Le n° 1 avait perdu 6 kilogrammes ;

Le n° 2 avait gagné 2 kilogrammes ;

Le n° 3 avait augmenté de 21^k,5.

Nous aurons l'occasion de faire des observations analogues et des constatations non moins saillantes dans le cours de cet ouvrage. Nous en prenons texte dès à présent pour justifier les détails que comporte le sujet. Le cheval de course ne pourrait être logé comme le sont la plupart des chevaux de service ; la poulinière a des exigences spéciales. La bouverie diffère quelque peu de la vacherie, et le bœuf de travail ne se trouverait qu'à moitié bien de la température qui convient le mieux au bœuf à l'engrais.

Poules et canards se plairaient peu dans le même logis ; l'habitation de l'abeille ne rappelle en rien la magnanerie. Tout cela se déroulera naturellement dans les pages qui vont suivre.

Mais, on le voit, il s'agira bien plus des dispositions intérieures des locaux, des diverses habitations, que de l'édification même des bâtiments. Nous supposerons ceux-ci convenablement posés et construits avec de bons matériaux. Que si nous touchons en passant à certaines de ces questions, fort essentielles aussi, nous nous y arrêterons peu, afin d'éviter de faire double emploi avec une autre partie détachée de cette encyclopédie, portant ce titre : *Guide pratique du constructeur.*

Cependant, qu'on nous permette d'entrer dans quelques considérations générales inhérentes à notre sujet, dont elles forment en quelque sorte la partie économique. C'est d'ailleurs une entrée en matière toute naturelle et nécessaire.

Les habitations de nos animaux, moins celle du cheval de luxe, n'ont pas échappé plus que les autres constructions rurales à la loi qui, partout et toujours, semble avoir régi les idées et les actes de notre nation. Écoutons sur ce point la voix autorisée de l'un de nos professeurs les plus éminents. « Tandis que dans l'aristocratique et commerçante Angleterre, dit M. L.

Moll, on s'occupe avec un vif intérêt non-seulement des grandes fermes, mais encore des habitations de l'ouvrier des campagnes, et qu'une classe nombreuse d'architectes y fait sa spécialité des constructions rurales, dans notre pays, qu'on dit essentiellement démocratique et essentiellement agricole, l'attention publique ne se porte jamais sur les bâtiments qui servent à l'industrie démocratique et française par excellence. Nos architectes s'occupent avant tout de palais et de monuments; tout au plus s'abaissent-ils jusqu'à la maison de campagne. Les rares ouvrages que nous possédons sur les constructions rurales sont presque tous l'œuvre d'agronomes, et la création de ce qu'on peut appeler avec raison les usines de l'agriculture est généralement abandonnée à d'ignorants maçons de village...

« Dans nombre de provinces, l'absence de pierres oblige à élever les constructions rurales en terre. Mais au lieu d'employer celle-ci par la méthode perfectionnée du pisé que la nature des terres admettrait presque partout, on la combine avec le bois sous forme de *bauge* ou *torchis*, ce qui donne des bâtiments qui, après quelques années d'existence, laissent passer non-seulement le vent et la pluie, mais les rats, fouines, belettes, renards et jusqu'aux loups, qui viennent de temps à autre faire des visites intéressées dans les bergeries et les basses-cours.

« Dans la Basse-Bretagne et quelques parties des montagnes du Jura, où cependant la pierre abonde, mais où le bois est rare, le même local, n'ayant au milieu qu'une séparation à hauteur d'appui, sert au logement des hommes et à celui des bœufs, vaches, chevaux et porcs.

« Et il ne faut pas croire que ces misérables bâtisses n'appartiennent qu'à la petite culture; on les retrouve dans les petites et moyennes fermes faisant partie des grandes propriétés, et même dans de grandes fermes.

« Depuis Olivier de Serres, tous les écrivains agronomiques ont tour à tour signalé ce triste et honteux état de choses, engagé les propriétaires aisés à le faire cesser, dans leur intérêt même. »

Le conseil a été entendu par quelques-uns, mais les connaissances spéciales ont fait défaut au grand nombre, et beaucoup, parmi les plus beaux domaines qui ont été reconstruits ici et là, ont été manqués dans leur bon aménagement et dans leurs dispositions particulières. Ils satisfont les regards, ils ne remplissent que très-imparfaitement leur destination spéciale. La chose a sa gravité. Non-seulement ces beaux bâtiments ne se sont élevés qu'à grands frais, mais étant défectueux, ils ne payent pas leur rente, car les habitants n'y trouvent pas toutes les conditions voulues pour leur entière réussite.

M. Moll condamne, comme nous, ces inintelligentes tentatives, et voici en quels termes il en a parlé dans l'*Encyclopédie pratique de l'agriculteur :* « L'ordonnancement y est presque toujours défectueux. On n'y rencontre aucune de ces combinaisons qui, en rapprochant des services dépendant les uns des autres, économisent tant de travail et de dépenses dans le cours de l'année et d'une vie de cultivateur. Les proportions et les dispositions intérieures y laissent généralement à désirer : ici des granges, des écuries paraissent trop vastes ; là, des vacheries, des bergeries sont trop petites ; ou bien les logements des chevaux ou des bêtes à cornes, trop étroits pour deux rangs, sont trop larges pour un seul. Aucune disposition pour faciliter l'affouragement, ou pour éviter les pertes de fourrages ; aucune pour procurer un écoulement prompt des urines dans la fosse à fumier ; pour détourner de celle-ci les eaux des toits de la cour : les portes, les fenêtres, distribuées conformément à la symétrie et sans égard aux besoins du service ou de l'hygiène ; rarement des remises, des hangars, et jamais de local destiné à la préparation de la nourriture des animaux ou au dépôt du fourrage vert. »

Ceci revient à dire que les bâtiments destinés à l'habitation des animaux ne peuvent être absolument indépendants de l'ensemble qu'ils contribuent à former, au contraire, qu'ils complètent pour mieux dire, et que chacun doit occuper, dans la rationnelle ordonnance des diverses parties de la ferme, une place naturellement indiquée par la sorte du bétail ; il faut enfin que les dispositions intérieures soient mises intentionnellement en parfait accord avec la destination propre à chaque espèce.

La règle à suivre sous ce rapport est bien simple, ajoute M. Moll, et la voici : « Rapprocher les uns des autres les locaux dont les destinations sont solidaires. Ainsi, mettre à portée des logements des animaux la fosse à fumier, les fenils ou les meules de foin, les celliers ou silos pour la conservation des racines et des pulpes, et surtout le local où l'on prépare la nourriture du bétail et où se trouvent le hache-paille, les coupe-racines, les concasseurs de grains et de tourteaux, et la chaudière pour faire cuire les aliments, ou les tonnes ou caisses qui servent à l'échauffement spontané, si l'on a adopté ce mode de nourriture ; placer à proximité du manége ou de la machine à vapeur non-seulement la machine à battre, mais encore le local ci-dessus, car il y a un immense avantage à faire mouvoir par les chevaux ou la vapeur les engins mentionnés. Mettre les granges ou la cour des meules auprès de la machine à battre, la laiterie auprès de la vacherie et enfin l'habitation du fermier de manière à faciliter la surveillance et à ce que, du bureau, on embrasse la cour et tous les bâtiments... »

Mais cette règle si facile à formuler n'est pas toujours aisément appliquée. On tâche alors de s'en rapprocher autant que faire se peut, du moins de s'en écarter le moins possible, car elle offre incontestablement la plus grande somme d'avantages.

Economiser le travail, prévenir toutes pertes de nourriture et de fumier, placer les animaux dans les meilleures conditions d'hygiène et de confort, tels sont les principaux termes du problème à résoudre.

Il n'y a pas longtemps que dans nos fermes les plus considérables, que chez nos agriculteurs les plus avancés, on trouve, à l'état de complète organisation, un atelier spécial de préparation de la nourriture, un véritable laboratoire pour la cuisson et le mélange des aliments qu'on sert à un nombreux bétail. Ce local, à peu près inconnu autrefois, est devenu l'une des exigences de l'agriculture moderne, de celle qui parvient à tirer beaucoup plus de produits et du sol et des animaux.

Dans les petites fermes, la cuisine, le fournil, une pièce quelconque facile à approprier à cette destination, suffit encore aux besoins. Dans les exploitations moyennes, nous voyons qu'on établit à proximité des étables une vraie cuisine qu'on meuble d'un appareil particulier pour la cuisson à la vapeur de toutes sortes de racines, du foin, de la paille hachés et de toutes autres substances pouvant servir à l'alimentation de toutes les espèces animales.

Cet appareil fort simple se compose d'un générateur de vapeur et de deux récipients ou chaudières dans lesquels sont placés les aliments. On en fait de formes et de dimensions variées, mais tous se valent. Celui que représente la figure 1 ne paraît le céder à aucun autre. Il ne diffère pas essentiellement des meilleures ; il cuit vite et bien, économiquement par conséquent, et se vend à des prix plus doux que les appareils anglais, dont le prix de vente excessif effraye à juste titre nos petites bourses.

Fig. 1. Cuisson des aliments pour les bestiaux : appareil de M. Pernollet.

Bientôt cependant, il faudra plus. Les grandes exploitations demandent des appareils plus vastes, et dès à présent il nous paraît utile de leur offrir un bon modèle qu'elles puissent imiter de près ou de loin, suivant les lieux et l'importance de la population des étables. Nous rencontrons d'ailleurs ce modèle chez un agriculteur émérite, lauréat de la prime d'honneur du département de l'Aisne, en 1859.

Le bâtiment qui contient les machines (fig. 2) et qui se compose de trois étages, rez-de-chaussée, premier et grenier, s'étend sur une longueur de 20 mètres et une largeur de 7. Du côté du midi, le niveau du sol de la cour est en contre-bas du plancher du premier étage, de sorte qu'en arrivant au pied du mur, les voitures de paille et de fourrage se placent dans les conditions les plus favorables au déchargement des denrées ; on a ménagé sur ce plancher un espace suffisant pour pouvoir emmagasiner quelques centaines de bottes pour la consommation

Fig. 2. Laboratoire Vallerand, pour la cuisson des aliments des animaux.

de la journée. Au nord, au contraire, la cour est au même niveau que le plancher ; c'est de ce côté qu'arrivent les tombereaux chargés des pulpes de la distillerie ; aussitôt déchargées, celles-ci tombent par une trappe dans un couloir situé au-dessous, où se font les mélanges. Les conditions d'arrivée facile des denrées à manipuler ne laissent donc rien à désirer.

Une machine à vapeur de la force de six chevaux, dont le générateur est placé dans une cave ou *sous-sol*, creusée sous le rez-de-chaussée, commande un arbre de couche principal qui agit, au moyen d'un engrenage d'angle, sur l'arbre vertical d'un moulin placé au premier étage, et destiné au concassage et à la mouture des grains qui retombent, après avoir subi l'opération, dans un sac accroché au mur du rez-de-chaussée, en passant dans un couloir en bois. Cet arbre de couche porte en outre :

1° Un autre engrenage d'angle A qui transmet le mouvement à la machine à battre placée à l'ouest, dans une grange contiguë au bâtiment qui nous occupe, au moyen d'un arbre de couche secondaire traversant le mur ;

2° Une poulie destinée à mettre en marche, au moyen d'une courroie, un troisième arbre de couche qui traverse le bâtiment dans toute sa longueur, et qui fait mouvoir toute la série des petits instruments, tels que hache-paille, coupe-racines, tarare, etc., et en outre un jeu de pompes servant à remplir un réservoir d'eau métallique qui fournit aux besoins des mélanges de fourrage et à ceux de la machine à vapeur ;

3° Une poulie agissant sur une meule à repasser les outils.

Cette installation, comme on le voit, suffit à tous les besoins d'une exploitation considérable. Elle dessert, chez M. Vallerand, une ferme de 250 hectares, amenés à un haut degré de fertilité, et nourrissant un bétail extrêmement nombreux.

B. DES EFFETS DE L'AIR PUR ET DE L'AIR VICIÉ
SUR L'ÉCONOMIE ANIMALE.

Influence de la stabulation.— Respiration et digestion.— Un nouveau milieu. — Composition de l'air normal — L'air neuf et l'air usé.— Les gaz délétères.— Effets sur l'économie d'une atmosphère viciée. — Une étude de Bourgelat. — Une vieillerie toujours nouvelle. — La santé du bétail est la fortune de l'éleveur. — Comment les choses se passent. — L'habitude est une seconde nature. — Santé relative. — Vache enragée. — Air pur et mélanges. — Une proposition à prendre en sérieuse considération.— Les entours.— Excreta. — Les matériaux de construction.

La stabulation plus ou moins complète est bien, entre tous, l'un des changements les plus considérables imposés par la domesticité aux animaux. Elle exerce sur eux une immense influence qu'on ne s'est pas attaché à rendre aussi favorable qu'il le faudrait à leur bien-être, c'est-à-dire à leur plus large expansion, à leur utilité la plus haute.

On s'est beaucoup occupé de l'alimentation et l'on a fini par comprendre quels effets, quels contrastes résultent de son abondance et de son insuffisance, de ses bonnes ou de ses mauvaises qualités, de ses propriétés spécifiques même, sur l'entretien et la destination des races, sur la quantité et la valeur des produits dont la culture intelligente du bétail est l'objet. Les fourrages, toutes les sortes de nourriture ont été regardées comme les matières premières de toute fabrication animale, et l'attention, judicieusement éveillée sur ce point, a fait naître une sollicitude toujours libéralement compensée par les résultats.

La pratique a moins étudié les effets de la respiration sur l'économie. L'air, qui est l'agent essentiel de cette fonction, n'a pourtant pas en dernier ressort une action moins nécessaire et moins puissante sur la vie dont il est le premier, le plus indispensable besoin. Ceux-là donc ne font pas les choses entières, qui, procurant une bonne alimentation au bétail, ne lui assurent pas en même temps toute la quantité d'air pur ou respirable sans laquelle aucun appareil d'organes, y compris celui de la digestion, ne fonctionne dans toute son activité normale, dans toute sa plénitude.

Plus ou moins prolongée, la stabulation place les animaux qui la subissent dans un milieu nouveau, bien différent de celui dans lequel ils vivent en l'état de nature. Elle leur mesure l'espace et la lumière ; elle les confine plus ou moins étroitement dans des lieux où l'air extérieur ne pénètre et ne circule ni abondamment, ni librement. Elle leur fournit un abri, c'est vrai ; elle les protège contre l'inclémence du temps, mais elle ne le fait pas toujours avec entente, d'une manière satisfaisante. Donner un abri, telle a été la pensée première et dominante, mais un abri tel quel ne remplit pas toutes les exigences : celle qui se rapporte à l'abondance de l'air respirable, la plus essentielle sans contredit et la plus négligée, rentre particulièrement dans l'objet de ce livre ; elle nous préoccupera d'autant plus, qu'elle devient la base de toutes les prescriptions de l'hygiène en matière d'habitation.

L'air respirable, nous n'apprendrons ceci à personne, résulte d'un mélange de deux gaz, appelés oxygène et azote, dans la proportion de 21 parties du premier et de 79 du second. Entre ses molécules s'interposent d'autres corps : quelques centièmes d'acide carbonique, de vapeur d'eau et de fluides impondérables, puis encore des émanations aériformes et des corpuscules solides provenant de la surface de la terre. Au total, l'oxygène et l'azote constituent l'air proprement dit, car ils forment les quatre-vingt-dix-huit ou quatre-vingt-dix-neuf centièmes de la masse atmosphérique : une plus grande quantité de l'un ou de l'autre de ces constituants, c'est là ce qu'il faut qu'on sache bien, donne un mélange impropre à l'entretien de la vie dans les conditions de la santé pleine et entière, de l'exercice libre et régulier de toutes les fonctions animales.

Voilà donc l'air normal, si l'on veut bien nous permettre de parler ainsi. Il agit principalement par son oxygène, qu'aucun autre gaz ne peut suppléer dans son action. L'azote est là comme

modérateur ; mais il y est en proportion voulue, comme l'oxygène lui-même. Par l'acte respiratoire la quantité d'oxygène
diminue, tandis que la quantité d'azote reste à peu près invariable ; mais à la place de celui des deux gaz dont nous venons
de constater la diminution se trouve une proportion plus forte
d'acide carbonique et de vapeur d'eau. Or, à la dose de 3 ou
4 centièmes dans l'air, l'acide carbonique est déjà nuisible.
D'autre part, la vapeur d'eau est nécessaire à l'existence de
tous les êtres vivants, car ils ne sauraient exister dans un air
complétement sec, mais l'air respiré n'en contiendrait pas im-
punément en excès pendant un laps de temps trop prolongé.

Nous voici bien fixé. Le Créateur a donné à l'air une composition déterminée, partout la même quant à ses constituants ;
c'est à nous de ne pas la laisser se modifier d'une manière notable ou nuisible dans les intérieurs, car aucune autre ne saurait
en tenir lieu. Effectivement, lorsqu'il n'est pas renouvelé, l'air
confiné s'altère par diverses causes. Celui des étables de toutes
sortes s'use par la respiration de leurs habitants et aussi par
les émanations qui s'échappent des diverses parties du corps ou
qui proviennent de la fermentation des matières excrémentitielles.

Concluons sur ce premier point : l'air qui a servi à la respiration est impropre à remplir le même usage, et celui des lieux
habités doit être incessamment renouvelé.

Cependant, il nous faut insister davantage sur les causes de
viciation de l'atmosphère des intérieurs, car ceci est capital.

Et d'abord le nombre d'individus rassemblés dans le même
espace, joint à l'exiguïté du local, rend plus prompts et plus
actifs les effets délétères des émanations qui, se mêlant à l'air
à mesure que l'oxygène diminue, en modifient essentiellement
les proportions et la composition, en altèrent sensiblement la
pureté.

Dans l'intérieur des locaux habités par des animaux se développent :

Une grande quantité de calorique ; de la vapeur d'eau provenant de la transpiration pulmonaire et de la sueur : vapeur d'eau

et calorique se logent entre les molécules de l'air ; ils l'é-
chauffent, le raréfient, le rendent spécifiquement plus léger ;
alors il n'exerce plus sur le corps une pression suffisante.

On y trouve aussi :

Du gaz acide carbonique, formé dans l'acte de la respiration ;

De l'azote, de l'hydrogène carboné et sulfuré, de l'ammo-
niaque et d'autres produits encore qui prennent naissance, ainsi
que nous le disions plus haut, dans la fermentation putride des
résidus de la digestion ou de matières semblables dont le sol
s'est imprégné à la longue.

Tous délétères ou impropres à la respiration, ces différents
corps ont une action très-vive et promptement mortelle en leur
état de concentration : accumulés dans l'air, ils ne restent certainement pas inoffensifs. D'une densité moindre que ce fluide,
ou rendus plus légers par le calorique qui s'interpose entre
leurs molécules, ils s'élèvent et se maintiennent dans les couches supérieures de l'atmosphère du local. Si donc ils ne trouvent là aucune issue qui leur livre passage, leur masse augmente
par la formation non interrompue des produits de même nature,
et la corruption est proche, car l'altération est portée à son
plus haut degré.

Quelle sera donc sur les habitants du lieu, s'ils ne peuvent
s'y soustraire, l'influence d'une atmosphère ainsi composée ?

Cette influence s'exercera par la respiration, de même que les
effets nutritifs des aliments passent par l'appareil des organes
digestifs avant de parvenir à tous les points quelconques de
l'organisme. Mais il ne faut point oublier que des fonctions
respiratoires dépend l'accomplissement régulier de toutes les
autres.

Eh bien ! quand l'air n'est pas pur, la respiration ne s'exécute
pas dans toute sa force. Elle est d'autant moins énergique, elle
produit d'autant moins efficacement les effets qui lui sont
propres dans la machine vivante, que l'air s'éloigne davantage
des conditions de sa composition normale. Dans le cas que nous
venons de préciser, elle est pénible et ralentie ; une moindre
quantité d'oxygène pénètre dans les poumons ; le sang s'ap-

pauvrit et devient moins stimulant pour chacun des points dans lesquels le porte le mouvement circulatoire ; la circulation devient languissante autant que tous les autres actes de la vie. Les impressions perdent de leur vivacité et se font obtuses, la sensibilité s'amoindrit, les digestions sont incomplètes, et par suite la nutrition demeure imparfaite ; la peau se décolore ; les autres membranes apparentes deviennent pâles ; les chairs sont molles, empâtées, souvent chargées d'une graisse jaune et mollasse.

Cette influence ne se fait sentir d'abord que d'une manière insensible. Mais plus tard elle devient plus appréciable et donne lieu tantôt à des maladies aiguës, parfois mortelles, qui laissent après elles les caractères propres à l'asphyxie par des gaz non respirables ; tantôt et plus fréquemment à des affections chroniques, presque toujours incurables, qui se prolongent de beaucoup au delà du terme ordinaire, et qui se terminent très-souvent par la morve ou par le farcin dans quelques espèces, par la cachexie aqueuse, par la ladrerie dans d'autres, ou enfin par des engorgements froids contre lesquels toute médication échoue.

« L'air, dit Bourgelat, s'épaissit et se corrompt s'il est renfermé, à plus forte raison s'il peut, dans un lieu limité, se charger des exhalaisons excrémentitielles qui sortent et qui s'échappent constamment du corps des chevaux, et à bien plus forte raison encore s'il participe nécessairement de parties plus impures et plus fétides. C'est alors qu'il contient des semences vraiment morbifiques, cachées et capables de causer à la machine des troubles plus ou moins considérables. Il l'embrasse, il l'entoure, il la comprend ; il est poussé, aidé de son propre poids et de son ressort, principalement dans la trachée-artère, dans les poumons, dans l'œsophage, l'estomac et les intestins ; il pénètre enfin avec le chyle dans le sang, et se distribue dans toutes les liqueurs fournies par ce dernier fluide : or, sa corruption, conséquemment aux diverses parties hétérogènes qu'il peut charrier, doit inévitablement produire de sinistres effets. »

L'observation séculaire appuie l'opinion du maître ; mais les faits qu'elle constate n'ont pas cessé de se produire. Entre mille, nous en rappellerons un, à cause des explications physiologiques dont il a été entouré. Il s'agit des chevaux d'un régiment de cavalerie caserné à Versailles. Pendant plusieurs mois ces animaux, mal nourris d'ailleurs, avaient vécu au milieu d'une atmosphère chaude, humide, chargée de matières animales ; leur constitution en avait été profondément atteinte ; chez eux, ce n'était pas seulement le poumon, la plèvre, l'intestin qui étaient malades ; le sang aussi était altéré ; c'est qu'il n'avait trouvé ni dans les aliments, ni dans l'air, les matériaux nécessaires à sa réparation. Or, si le sang, qui est l'agent de toutes les nutritions et de toutes les sécrétions, si le sang, qui est l'élément de la vie, est appauvri, nécessairement tous les organes devront être débilités, et la machine animale, ainsi progressivement détériorée, perdra tous ses ressorts et ne pourra réagir contre toutes les causes de destruction qui viendront la frapper.

Nous pourrions développer longuement cette thèse et dire tous les risques que court la santé des animaux habituellement renfermés dans des habitations insuffisantes ou malsaines. Ceci aurait son intérêt et prendrait son point d'appui dans cette circonstance déterminante que la santé des animaux est la force, le profit ou la fortune de ceux qui les font naître, qui les élèvent et en tirent un parti quelconque. Mais à quoi bon ? tout ne se trouve-t-il pas dans le rapprochement que nous avons fait entre l'air respirable et l'air vicié ?

Expliquons seulement comment les accidents qui résultent toujours de la respiration des gaz délétères ne se produisent pas dans les logements insalubres du bétail avec la fréquence et l'acuïté que leur attribue ici la théorie et que l'ignorante routine trouverait commode de taxer d'exagération.

Les plus négligés parmi les animaux réclament néanmoins certains soins qui se répètent forcément plusieurs fois par jour. Il en résulte que portes et fenêtres sont au moins ouvertes de temps à autre, à des intervalles plus ou moins rapprochés, que, par moments, l'air extérieur, un air neuf, pénètre en colonnes serrées dans les étables, et, chassant des masses d'air usé, pour

se loger, opère un renouvellement partiel qui atténue quelque
peu les effets de la viciation. Les nouvelles quantités d'oxygène
ainsi introduites soulagent la respiration opprimée, éloignent
l'imminence du danger. Mais de ce que les boiteux marchent
tant bien que mal, il ne s'ensuit pas qu'ils avancent aussi utilement ou qu'ils puissent aller aussi loin, sans plus de fatigue,
que d'autres plus libres dans leurs actions. Pour ne pas suc-
comber immédiatement, *hic et nunc*, sous la mauvaise influence
d'un air plus ou moins irrespirable, les animaux n'en sont ni
plus vaillants, ni plus productifs, ni plus résistants.

Ce n'est pas seulement dans les lieux habités que l'air confiné
cesse d'être vital ; il ne présente pas de meilleures conditions
hygiéniques dans les étables de toutes sortes, inoccupées depuis quelque temps, et dont toutes les ouvertures sont restées
fermées. Alors la croûte la plus superficielle du sol, même dans
les écuries pavées, en partie formée de matières putrescibles,
fermente rapidement, puis se sèche et se fendille. Il y a alors
production abondante de gaz nuisibles qui ne parviennent pas
à s'échapper aisément, par la raison que tout est clos ; ils se
fixent dans les fentes des murs, ils pénètrent les bois et les
poutres : à la faveur de l'humidité de l'atmosphère, de la fraîcheur des nuits, ils y adhèrent avec force, et pendant longtemps
se conserve leur propriété de nuire. Ces lieux deviennent ainsi
de véritables foyers d'infection, qu'il faut soigneusement assainir
avant de les rendre à leur destination.

Tous les animaux cependant, il faut bien l'avouer, ne se
montrent pas impressionnables au même degré à l'action d'une
atmosphère plus ou moins chargée de gaz délétères. L'habitude,
qu'on a justement dite être une seconde nature, les préserve
jusqu'à un certain point des conséquences immédiates les plus
prochaines, mais l'immunité n'est jamais complète, et l'action
malfaisante mine sourdement la constitution. Là où les natures
les plus vigoureuses, où les individus les plus énergiques suc-
comberaient promptement à des maladies aiguës, on voit se
défendre et résister, avec l'apparence d'une santé relative, des
animaux moins énergiques et moins bien doués. Ils se sont

acclimatés à ce milieu, tout défavorable qu'il est, et ils y vivent plus qu'on ne croirait, en donnant même abondamment certains produits. L'exemple le plus remarquable que nous puissions citer dans le sens de cette remarque est celui de l'entretien des vaches laitières dans Paris, avant que la possibi- . lité du transport du lait par les voies ferrées les ait en grande partie chassées de la capitale. Elles y étaient à l'état de reclusion étroite dans des étables basses, à l'atmosphère humide et chaude ; on les y nourrissait de façon à favoriser la sécrétion du lait, mais on sait ce que valait ce dernier sous le rapport alimentaire, et l'on sait mieux encore comment finissaient toutes ces malheureuses bêtes, par une phthisie spéciale qui avait nom la *pommelière*. Leur existence en était singulièrement raccourcie ; leur viande, livrée à la consommation, nous a trop fait connaître ce qu'on qualifiait énergiquement de « vache enragée, » le *nec plus ultra* de la mauvaise qualité. C'est ainsi que l'air, qui est l'aliment de la vie, *pabulum vitæ*, devient l'agent le plus actif de toute destruction.

Mais nous ne sommes point exact pour le moment. En effet, ce n'est plus l'air qui compose l'atmosphère non renouvelée des lieux dont nous parlons ; c'est un mélange de gaz irrespirables dans lequel l'oxygène ne se trouve plus en proportion suffisante et dont l'action est en réalité ce qu'elle peut, ce qu'elle doit être, — funeste à ceux sur qui elle s'exerce. Nous avions donc de puissants motifs pour nous arrêter à ces considérations, que nous devons compléter, afin de bien mettre eu relief cette nécessité :

Placer les bâtiments et disposer les intérieurs des habitations des animaux, dans leurs relations avec le dehors, de telle sorte que l'air y soit toujours vital, de façon qu'il ne cesse jamais d'y avoir les propriétés compatibles avec le bon état, la condition et la destination des animaux au développement et à la réussite desquels il doit concourir pour une très-large part.

Cette proposition va nous occuper ; mais avant de l'examiner dans ses termes les plus essentiels, un dernier mot relatif au voisinage, aux entours.

On connaît toute l'activité, sur les organes, de l'air vicié par
les émanations des fosses d'aisance et tous autres lieux renfermant des substances végétales et animales en putréfaction, tels
les puisards, les égouts, les trous à fumier, les rutoires, les
mares, les boyauderies, les tanneries, les usines où se fabriquent
le noir animal, le vernis gras, etc. Les animaux témoignent
une extrême répugnance pour leur odeur fétide, et cela seul
suffirait à démontrer qu'elles leur sont nuisibles. En effet, elles
occasionnent des accidents graves, et la première indication qui
ressort du fait, c'est qu'il faut éviter avec soin toute communication entre les lieux infectés et les habitations de nos animaux.

Sous l'influence de l'air chargé de ces émanations, ce que
les physiologistes nomment hématose, c'est-à-dire la conversion
du produit de la digestion en sang artériel, se fait très-imparfaitement. Dès lors toutes les fonctions languissent. Les bestiaux
manquent d'appétit et mangent peu ; ils digèrent mal ; toutes
leurs actions accusent la souffrance ; ils maigrissent promptement et finissent d'ordinaire par des affections miasmatiques,
accompagnées de charbon, d'anthrax, maux qui eux-mêmes ne
sont pas sans danger pour l'homme qui les soigne.

Enfin une dernière cause de viciation de l'air, parmi celles
que nous trouvons utile de signaler, est celle résultant des
émanations qui s'échappent du corps des animaux atteints de
maladie. Cette simple mention suffit au passage pour plaider
en faveur de la nécessité d'avoir des infirmeries confortables,
autant pour aider à la guérison des malades que pour préserver
ceux qui sont en santé.

Ces points établis, nous laisserons en dehors ceux qui s'indiquent d'eux-mêmes pour passer aux grands moyens d'aération
ou de ventilation sans lesquels il n'y a pas d'habitation salubre,
à l'aide desquels, au contraire, on peut combattre efficacement
la plupart des causes d'insanité.

L'hygiène recommande très-expressément de n'employer à
ces sortes de constructions ni les pierres poreuses qui s'em-
parent facilement de l'humidité, ni celles qu'on a tout récem-

ment extraites de la carrière, ni les briques mal cuites et susceptibles de se déliter. Elle dit que la chaux et la brique bien cuite sont de beaucoup préférables au plâtre et aux moellons, qui sèchent plus difficilement et moins complétement. L'hygiène a bien observé, elle parle d'or ; mais ses prescriptions sont lettre-morte là où il est malaisé, sinon même tout à fait impossible de les mettre en pratique. L'humidité est chose mauvaise ; elle a toute sorte d'inconvénients, et nous en reparlerons ; mais l'un des meilleurs moyens d'en atténuer les effets, c'est encore l'aérage, la ventilation.

Tout n'est pas assurément dans ce fait, beaucoup de choses y aboutissent néanmoins, et nous ne saurions dire rien qui lui soit plus favorable que ceci, par exemple : les constructions les plus défectueuses dans leur assiette et dans leur orientement se trouvent toujours notablement améliorées par une bonne ventilation, tandis que les mieux posées et les mieux exposées ne sont pas toujours favorables à ceux qui les habitent, lorsqu'un aérage efficace n'y est pas assuré.

C. L'AÉRATION.

Les définitions rigides et le libre langage de la pratique.— Les synonymes. — La vie extérieure et l'existence renfermée. — Consommation de l'oxygène de l'air par la respiration. — Recherches à ce sujet de MM. Magne, Boussingault, Lassaigne et L. Moll.— Inconvénients d'une assiette défectueuse des bâtiments.— Effets nuisibles de l'humidité sur l'économie. — Les constructions neuves. — On fait ce qu'on peut, non ce qu'on veut. — Les points cardinaux.

A prendre les mots dans leur signification rigide, on définirait l'aération — l'action toute simple de faire pénétrer de l'air extérieur dans un lieu clos, fermé, et l'on appellerait ventilation les moyens employés pour opérer d'une manière constante et rationnelle le renouvellement de l'air usé d'un local fermé par une quantité suffisante d'air neuf appelé du dehors.

Dans la pratique on est moins précis. Lorsqu'on s'est bien entendu sur les choses, on se montre plus facile sur la façon de les dire ; on ne vise pas au purisme. Ainsi ferons-nous, et tout le monde nous comprendra lorsque nous utiliserons, sans y regarder de plus près, ces mots techniques — aérage, aération, ventilation.

L'utilité de cette dernière, nous l'avons déjà dit plus haut, repose sur ce double fait : l'air pur est indispensable à la plénitude des actes de la vie ; celui qui a servi à la respiration, étant par cela même altéré dans sa composition et par suite impropre au rôle que nous lui assignons, doit être remplacé par de l'air neuf, le seul qui contienne en proportion voulue l'oxygène nécessaire aux actes vitaux.

Ainsi posée, la question appelle l'examen de cette proposition : quels sont les besoins, en oxygène, particuliers à chacun de nos animaux domestiques ?

On a essayé de résoudre cet important problème dont les termes n'ont été sérieusement entrevus que dans ces derniers temps. Cela tient sans doute à ce que, dans le passé, l'existence de nos animaux était moins dépendante, plus extérieure qu'elle ne l'est devenue à notre époque où les progrès de l'agriculture et les circonstances économiques tendent à généraliser de plus en plus la stabulation permanente. Malheureusement les recherches, les travaux scientifiques entrepris sur ce sujet, encore peu nombreux, auraient besoin d'être complétés. On les a naturellement rapportés à la nécessité de déterminer quel espace il est utile de réserver à chaque tête de cheval dans son écurie.

L'homme et le cheval ont toujours eu le privilège d'attirer, les premiers, l'attention des savants. Les autres espèces ne viennent qu'à la suite, et souvent encore ne sont-elles étudiées que par comparaison.

Quoi qu'il en soit, la question qui nous occupe en ce moment a déjà reçu une solution suffisante en l'état actuel des choses, et voici comment elle a été résumée dans l'*Encyclopédie pratique de l'agriculteur*, par M. L. Moll.

« D'après M. Magne, dit le savant professeur et l'éminent agronome, les cavités aériennes du poumon d'un cheval de race comtoise, de taille moyenne, auraient une capacité de

30 litres au moins. En admettant, par analogie avec ce qui se passe chez l'homme, qu'à chaque inspiration le cheval introduise dans ses voies respiratoires une quantité d'air égale au moins au sixième de la capacité de son poumon, soit 5 litres, comme il exécute en moyenne 16 inspirations par minute, il introduirait dans sa poitrine 80 litres d'air par minute, 4,800 par heure, 115,200 par jour.

« D'un autre côté, suivant M. Boussaingault, un cheval du poids de 500 kilogrammes absorbe, toutes les vingt-quatre heures, 4,724 litres d'oxygène.

« Enfin M. Lassaigne a constaté qu'un cheval produit 5,270 litres d'acide carbonique, gaz qui représente un volume d'oxygène égal qu'aurait absorbé le cheval dans la respiration.

« Mais, ajoute M. Magne, l'oxygène ne constituant à peu
« près qu'un cinquième de l'air, et les animaux n'absorbant à
« peu près qu'un cinquième de l'oxygène renfermé dans l'air
« inspiré, il en résulte qu'un cheval qui aurait absorbé
« 5,000 litres d'oxygène aurait inspiré 125,000 litres, soit
« 125 mètres cubes d'air.

« Ainsi, d'après l'analyse comme d'après la mensuration, un
« cheval de taille moyenne introduit dans sa poitrine, toutes
« les vingt-quatre heures, la quantité énorme de 115 à 125,
« soit en moyenne 120 mètres cubes d'air.

« Mais ce volume, quelque considérable qu'il soit, ne repré-
« sente pas la quantité d'air nécessaire à ce cheval. Une masse
« d'air qui a servi à la respiration en altère, par son mélange,
« une masse quatre fois aussi grande ; lorsqu'un cinquième de
« l'air d'une habitation a été respiré, la masse entière de ce
« fluide est impropre à entretenir la vie ; de sorte que ce même
« cheval aurait besoin d'un espace renfermant 600 mètres cubes
« d'air, si cet espace était hermétiquement fermé. »

« Quoique, chez le bœuf et le mouton, l'abondance du tissu cellulaire interlobulaire du poumon détermine, pour un volume donné, une respiration moins active que chez le cheval ; on peut cependant admettre que les chiffres ci-dessus s'appliquent également à ces deux espèces d'animaux, en partant, soit du poids des bêtes, soit du poids de la nourriture qu'elles consomment, et que ce qu'on vient de lire pour les écuries est également exact pour les étables et les bergeries.

« Si l'on réfléchit maintenant que l'air des logements du bétail est en outre vicié par les vapeurs aqueuses produites par la perspiration pulmonaire et cutanée des animaux, et surtout par les gaz qui se dégagent du fumier en décomposition, on comprendra facilement que ce n'est pas par la capacité des logements qu'on peut donner aux animaux domestiques l'air pur dont ils ont besoin, et qu'un renouvellement constant de l'air, c'est-à-dire un aérage suffisant, est le seul moyen efficace d'atteindre ce but. »

Voyons donc les moyens de l'atteindre.

Le premier de tous, sans contredit, est d'éviter ou d'écarter les causes de viciation de l'air et d'insalubrité du local indépendantes de la respiration elle-même, afin de laisser à celle-ci, dans toute sa valeur, dans toute son efficacité, l'air pur qui arrive dans l'étable. Ceci nous ramène à ce que nous avons précédemment établi en parlant des entours, du voisinage des habitations, et nous oblige à nous arrêter un instant à l'assiette des bâtiments et à leur exposition.

Les vétérinaires accusent une assiette défectueuse d'occasionner beaucoup de maladies. Il est impossible de ne leur pas donner raison. Les terres argileuses, les terrains enfoncés, les nappes d'eau courantes ou retenues à peu de profondeur de la surface constituent, cela est certain, une très-mauvaise situation, un emplacement dangereux même, par l'humidité permanente qu'ils entretiennent dans l'intérieur et dont les vapeurs chargent incessamment l'air neuf dans lequel l'eau se trouve bientôt en excès. Rien ne porte plus sûrement atteinte, une atteinte profonde, à la constitution que les effets persistants de l'humidité pénétrant ainsi l'animal par tous les pores, extérieurement et intérieurement. Maître d'agir à sa guise, il faut soigneusement éviter les points qui ressembleraient à ceux que nous venons d'indiquer, mais on est rarement libre d'asseoir une étable dans un lieu d'élection. Il faut alors pratiquer des

travaux d'assainissement et garantir par eux le nouveau bâtiment de tous les inconvénients qui le rendraient insalubre. Ces
travaux, d'ailleurs fort simples, consistent en déblais, en remblais, en exhaussement du sol, en établissement de canaux de
desséchement, en drainage intelligent, en remplacement des
terres argileuses par des terrains de nature siliceuse ou calcaire
recouvrant une couche plus ou moins épaisse de pierres ou de
cailloux d'une certaine dimension.

« *Une écurie humide*, dit un vétérinaire anglais, produit plus
de mal qu'une maison malsaine. On doit s'attendre à y trouver
les chevaux avec de mauvais yeux, affectés de toux, de pieds
gras, de jambes engorgées, de gale et d'un poil long, sec et rude,
qu'aucun pansage ne peut améliorer.

« Les Français attribuent la morve et le farcin à une atmosphère humide, et ces maladies sont réellement plus fréquentes
là où règne l'humidité, bien qu'en Angleterre on ne la regarde
que comme une cause secondaire. A Londres et dans d'autres
villes, il existe des écuries souterraines ; elles ne sont jamais
ni sèches ni saines. Les infirmités et les maladies, si communes
et si tenaces parmi leurs malheureux habitants, proviennent
sans doute de plus d'une cause, mais il y a tout lieu de croire
que l'humidité n'est pas la moins puissante.

« A peine des chevaux sont-ils transférés d'un local sec dans
une écurie humide, qu'on s'aperçoit de l'effet du changement.
Ils deviennent tristes, languissants, faibles ; leur poil se hérisse ;
ils refusent la nourriture ; dans une course rapide, ils se coupent
aux jambes, en dépit de tous les efforts pour l'empêcher : cela
provient de faiblesse. Quelques-uns des chevaux s'enrhument ;
d'autres sont attaqués d'inflammations de la gorge, des poumons
ou des yeux ; beaucoup maigrissent très-rapidement. Ce changement d'habitation est surtout pernicieux l'hiver.

« *Toutes les écuries neuves sont humides.* Ce n'est qu'à la
longue que les murs se débarrassent de l'humidité causée par
le mortier. On ne devrait se servir d'écuries neuves qu'après le
durcissement complet du mortier, ou, du moins, le plus tard
possible. Si, comme il arrive souvent, on doit s'en servir immé-

diatement, il serait préférable de ne pas crépir les murs, à
moins qu'il n'y ait assez de temps pour les laisser sécher ; les
portes et les fenêtres ne seraient pas placées, ou seraient tenues
grandes ouvertes jusqu'au jour de l'occupation. Quelques foyers
de charbon de bois bien distribués et fréquemment changés de
place accéléreront l'asséchement. Blanchir les murs au lait de
chaux semble avoir quelque influence pour combattre l'humidité.

« L'écurie, étant prête, doit être entièrement occupée. On
placera un cheval dans chaque stalle ; ils se réchauffent ainsi
mutuellement. Si c'est en hiver, ils devront être couverts,
recevoir une boisson chaude chaque soir et avoir une épaisse
litière.

« Les écuries humides peuvent être rendues moins désa-
gréables, en y semant du sable ou de la sciure de bois, ou par
un drainage complet, ou par la ventilation ; dans quelques cas
on pourra faire passer un tuyau de poêle à travers l'écurie, à
la hauteur du pavement. »

Il en est de l'exposition comme de l'assiette ; on n'a pas
toujours le choix. Les bâtiments élevés en vue du logement des
animaux dépendent ordinairement d'un ensemble qui a maintes
exigences dans lesquelles disparaissent malheureusement des
convenances de détail. En l'espèce, celles-ci ont pourtant une
immense et réelle utilité, mais la pratique fait moins ce qu'elle
peut que ce qu'elle veut. Bornons-nous à lui indiquer ce qui
est, à savoir : les expositions du nord et du midi donnent plus
de lumière et la maintiennent plus longtemps dans les intérieurs ; celles de l'ouest et de l'est favorisent davantage la
complète aération des lieux. Que si l'orientement doit être
encore plus limité, la meilleure exposition serait celle du le-
vant. C'est de là que vient l'air le plus pur et de la température
la plus convenable : celui du sud-est est trop chaud ; du couchant il est toujours trop chargé d'humidité ; venant du nord
enfin, on le trouve souvent trop froid. La perfection, à ce que
l'on dit, consisterait à avoir des ouvertures sur les quatre points
principaux de l'horizon, sauf à n'utiliser chacune d'elles qu'en

temps opportun, suivant les circonstances atmosphériques du moment. C'est possible ; mais si jamais le mieux se montre l'ennemi du bien, c'est ici, croyons-nous, car ce n'est pas toujours chose aisée que d'ouvrir et de fermer opportunément, à propos, portes et fenêtres aussi nombreuses. La pratique doit pourvoir à tant de choses, tant prévoir et tant faire, qu'une foule d'attentions la surpassant, elle en néglige beaucoup par impossibilité de suffire à tout. Elle va donc au plus pressé, à toute heure du jour, et ne s'arrête que très-rarement aux éventualités, aux prescriptions qu'apporte l'imprévu quand celui-ci ne lui apparaît que sous la couleur d'une affaire secondaire.

Arrivons maintenant aux moyens de préparer et d'assurer l'aération proprement dite.

I. LES PORTES ET LES FENÊTRES.

Il faut pouvoir entrer et sortir. — Il faut aussi qu'on puisse voir. — Utilité méconnue et détournée. — Une solution à rebours. — Le véritable rôle des portes et fenêtres.— Les besoins du service. — Air et lumière. — Question de salubrité. — Les courants dangereux. — La bonne aération.

On ne pourrait imaginer un bâtiment sans moyen d'y entrer et d'en sortir librement, sans facilités d'y laisser pénétrer, suivant les convenances, l'air et la lumière.

Tel est l'objet principal des portes et des fenêtres, qui ont encore pour fonctions de permettre de clore des ouvertures indispensables et d'aider à régler la température des intérieurs.

Dans certaines conditions, si elles étaient en nombre et dimensions raisonnées, judicieusement établies, les portes et les fenêtres rempliraient en partie le but qu'on leur assigne. Il en est rarement ainsi, et l'on a peine à se rendre compte que, dans la pratique, oubliant les usages des unes et des autres, on soit arrivé si complétement et si généralement à leur enlever leur plus grande utilité.

Au lieu d'être larges et hautes, les portes sont étroites et

2

basses, et ne livrent que difficultueusement passage aux animaux, aux gens de service, à l'apport des fourrages, à la sortie des fumiers.

Au lieu d'être calculées d'après les besoins du local, ou plutôt de ses habitants, les fenêtres sont mal percées et mal disposées, insuffisantes; au demeurant, plus dangereuses qu'efficaces.

Ne dirait-on pas qu'en tout ceci on a pris à tâche de résoudre le problème à l'envers? On se serait attaché à faire mal sciemment, à marcher droit et ferme à l'encontre du sens commun, qu'on n'aurait pas mieux réussi.

Si bien entendues qu'elles soient, pourtant, ces deux sortes d'ouvertures ne remplissent pas d'une manière aussi satisfaisante qu'on le suppose en général les diverses fonctions qu'on leur attribue. On se tromperait en croyant qu'elles peuvent suffire dans tous les cas à une bonne ventilation, surtout dans des étables très-peuplées. Leur rôle est nécessairement limité.

Les portes servent effectivement à l'aération, puisqu'elles donnent passage à de fortes colonnes d'air, et que celles-ci ne peuvent se loger qu'après avoir déplacé une certaine masse de l'atmosphère intérieure. Cependant, telle n'est pas et telle ne doit pas être leur destination. Une écurie, qui n'aurait que ce moyen de ventilation, ne serait pas saine. Par les portes, au moins dans les gros temps, l'aération n'est jamais complète, mais seulement irrégulière et momentanée, trop vive et trop brusque quand on ouvre, nulle et tout à fait impossible quand on la tient close. Alors les émanations délétères pénètrent les murs, se fixent aux planchers, infectionnent le mobilier et toutes les parties du local. Les portes ont un autre usage; nous reviendrons en temps et lieu sur ce sujet, car elles varient avec le genre d'habitation auquel elles appartiennent.

C'est surtout par l'ouverture des fenêtres que l'aération se fait dans la plupart des lieux habités par nos animaux; mais les brusques variations de l'atmosphère, le chaud et le froid intenses, leur exposition vers des points de l'horizon contraires, sont autant de causes qui en rendent l'effet nul, insuffisant ou dangereux, suivant que l'occlusion en est plus ou moins complète, ou qu'on les tient inopportunément ouvertes. Les inconvénients attachés aux fenêtres résultent surtout de la manière dont elles sont percées, et du mode d'ouverture adopté. Il y a ici de bons conseils à donner, et nous n'y manquerons pas ; mais nous dirons, avant de passer outre, que le principal usage des fenêtres mal établies, sinon leur unique fonction, consiste à laisser pénétrer dans l'écurie la quantité de lumière utile aussi à la salubrité du lieu. Les fenêtres bien posées, au contraire, remplissent un double objet ; elles éclairent le local, et contribuent, pour leur part, à une bonne et complète aération.

Nous faisons aux portes et aux fenêtres, considérées comme moyens de ventilation, le reproche grave de déterminer des courants d'air, souvent très-vifs, dans un sens horizontal. Or ces courants seront dangereux toutes les fois qu'ils ne s'établiront pas à une élévation telle que les animaux ne puissent pas en être frappés directement. L'aération n'est heureuse qu'autant que les courants qui la déterminent n'affectent pas les habitants d'une étable ; ils doivent en bénéficier sans la sentir. On obtient plus facilement ce résultat en dirigeant les mouvements dans un sens opposé, en poussant doucement les colonnes de bas en haut.

Ceci devient le fait d'un autre ordre d'ouverture dont nous parlerons dans le paragraphe suivant.

II. BARBACANES ET VENTILATEURS.

Les moyens de ventilation.— Aérage par le système d'appel.— Théorie et application.— Les anciennes cheminées d'aspiration. — Les barbacanes du sol et du plancher supérieur.— Inconvénients et reproches.— Un mauvais résultat à prévoir et à prévenir.— On peut toujours bien faire ou mal faire. — Ventilation et ventilateur. — Un problème scientifique. — Les données pratiques. — Bois, tôle et zinc. — Les ventilateurs cylindriques. — Marche de l'air dans les appareils de ventilation. — Orifice supérieur et modérateur. — Les précautions nécessaires à l'installation. — Ventilation et tirage. — Un point à déterminer.— Les plafonds bas. — Une supposition.

— Les règles à observer.— Réflexions et observations.— Les bons résultats d'une habitation salubre. — Effets destructeurs de l'humidité.

C'est ici que nous allons trouver les moyens sérieux de ventilation applicables aux logements des grands animaux. Ceux-ci ont de vastes poumons, ils consomment beaucoup d'oxygène, et, conséquemment, altèrent d'immenses quantités d'air qu'il faut pouvoir renouveler au fur et à mesure des besoins, lorsqu'on les tient enfermés dans un intérieur.

Les barbacanes et les ventilateurs constituent l'aérage par le système d'appel, lequel s'effectue de bas en haut, et non plus dans le sens horizontal. « Son application, dit M. L. Moll, repose sur la différence de densité de l'air à divers degrés de température ; l'air chaud, surtout lorsqu'il est chargé de vapeurs d'eau, étant plus léger que l'air froid. C'est ce qui fait qu'il s'établit un courant d'air plus ou moins rapide dans un tuyau dont on chauffe l'extrémité recourbée vers le haut. L'air chauffé contre les parois du tuyau s'échappe, et est successivement remplacé par de l'air froid.

« Or on sait que l'air qui sort des poumons des animaux a toujours une température plus élevée que celle de l'air ambiant, et qu'en outre cet air contient de l'eau à l'état de vapeur.

« Donc cet air vicié, quoique contenant de l'acide carbonique qui est plus lourd que l'air atmosphérique, s'élève néanmoins, en vertu de sa température et de son mélange de vapeurs aqueuses, et tend à s'échapper lorsqu'on a ménagé des issues dans la partie supérieure des logements. Par suite de la pression atmosphérique, cet air évacué est immédiatement remplacé par de l'air froid et pur venu du dehors.

« Ainsi, tout le mécanisme de l'aérage, en pareils cas, consiste à établir des ouvertures suffisantes dans le haut, pour la sortie de l'air chaud, et d'autres ouvertures dans le bas, pour l'introduction de l'air froid.

« La condition essentielle, et qu'il n'est pas toujours facile de remplir, c'est que ces ouvertures soient placées de façon à ne pas occasionner de courants d'air nuisibles aux animaux.

» Lorsque l'on commença à s'occuper de cette question, on préconisa des espèces de cheminées, partant du plafond et s'élevant au-dessus du toit, à bouche évasée dans le bas et rétrécie dans le haut, en manière d'entonnoir renversé, comme les bures.

« Ces cheminées, qui se faisaient en planches bien jointes, furent employées fréquemment en Allemagne, surtout dans les bergeries ; mais, à part la difficulté et les frais d'établissement, on leur reconnut des inconvénients assez graves.

« On s'aperçut que, dans les temps très-froids, il s'établissait deux courants, l'un ascendant, l'autre descendant; que ce dernier, qui amenait de l'air du dehors, était souvent assez fort pour refroidir l'air sortant, et par conséquent pour réduire beaucoup le courant ascendant et refouler dans l'intérieur une portion de l'air vicié, ainsi que les vapeurs dont une partie, d'ailleurs, se condensait contre les parois de la cheminée et retombait en gouttes sur les animaux. Ce courant descendant refroidissait en outre beaucoup la bergerie ; enfin, l'ouverture supérieure donnait accès à la pluie et au vent.

« Aussi ces cheminées sont-elles à peu près abandonnées aujourd'hui.

« Cependant, on a essayé en Angleterre d'appliquer de nouveau ce système en l'améliorant. On a réduit le diamètre de la cheminée dans la partie supérieure, et on en a surmonté l'orifice d'une petite construction à jour, dont les quatre faces sont garnies de persiennes et recouvertes d'un toit léger. La figure 3 ci-contre donnera une idée de cette disposition.

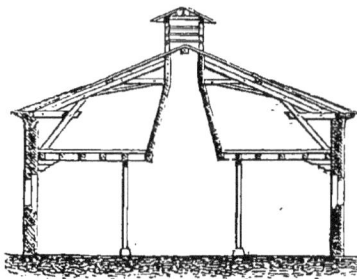

Fig. 3. Aérage ; construction à jour.

« Nous pensons qu'il conviendrait d'ajouter encore à ces perfectionnements l'addition d'une petite gouttière régnant sur

2.

tout le bord inférieur de la cheminée, et communiquant au
dehors par un tuyau en bois, en zinc ou en plomb, pour écouler
le produit souvent très-abondant de la condensation des vapeurs.

« Malgré les avantages de ces modifications, nous préférons
comme plus simples, plus économiques, et non moins, peut-
être même plus efficaces, les dispositions suivantes, qui, du
reste, sont les plus généralement adoptées aujourd'hui.

« Lorsque l'écurie, l'étable ou la bergerie a plusieurs portes,
surtout opposées les unes aux autres, on se dispense assez ordinairement d'ouvertures ou barbacanes dans le bas.

« Il y a cependant presque toujours certaines parties des
logements où l'action des portes ne se fait pas sentir, ou par
conséquent ces barbacanes ne sont pas superflues. A plus forte
raison sont-elles nécessaires lorsqu'il n'y a qu'une porte ou
plusieurs portes placées du même côté.

« Ces barbacanes sont des ouvertures rectangulaires d'environ
$0^m,10$ sur $0^m,23$ à $0^m,30$.

« Quelquefois on leur donne cette dernière dimension en largeur et la petite en hauteur ; mais ordinairement c'est le contraire qui a lieu. La première forme nous semblerait cependant
plus rationnelle.

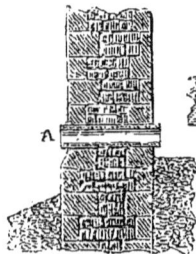

« On a aussi proposé de se
servir pour cet effet de drains
de $0^m,10$ à $0^m,12$ de diamètre
intérieur, placés, comme on
le voit, en A, fig. 4.

« Nous ne savons si ce moyen
a déjà été employé ; mais, jusqu'à preuve contraire, nous le
considérons comme un des
meilleurs, au moins sous le
rapport de la simplicité, de
l'économie et de la durée.

Fig. 4. Aérage,
tuyau de drainage
horizontal.

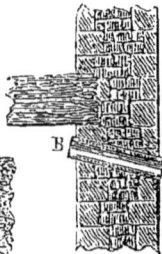

Fig. 5. Tuyau de
drainage oblique.

« Les barbacanes se placent à $0^m,10$ ou $0^m,15$ au-dessus du
sol des logements, et l'on a soin de disposer les choses de façon

qu'ils ne débouchent pas directement sur les animaux attachés. Une planche inclinée vers le haut, fixée à la muraille
devant les orifices, suffit pour détourner le courant d'air. Par
les grands froids, on les bouche avec de la paille.

« Quant aux ouvertures d'évacuation, ce sont les fenêtres
d'abord, et, lorsque ces dernières sont insuffisantes, les barbacanes pratiquées immédiatement au-dessous du solivage, et
disposées comme dans la figure 5. On ne saurait trop recommander l'établissement de ces dernières dans les anciennes
constructions qu'on ne peut changer, mais qu'il devient urgent
d'améliorer lorsqu'elles n'ont ni assez de jours, ni des fenêtres
convenablement placées. »

Très-employées autrefois, les barbacanes, ménagées à une
petite élévation du sol, sont à peu près abandonnées aujour-
d'hui. Elles ne consistaient pas en simples tuyaux de drainage,
comme celles décrites par M. Moll ; c'étaient de petites ventouses
oblongues, plus larges à l'intérieur qu'à l'extérieur, plus ou
moins multipliées, à la distance de 4 à 5 mètres les unes des autres, et pouvant s'ouvrir et se clore à volonté. On leur a repro-
ché, non sans raison, un inconvénient des plus graves, celui
de diriger des courants d'air plus ou moins vifs, plus ou moins
froids, sur les diverses parties du corps des animaux, et de
devenir, *ipso facto*, la source d'affections nombreuses. Elles
allaient ainsi à l'encontre de leur destination. Un moyen de
ventilation qui aboutit à un pareil résultat est essentiellement
défectueux. L'aération dégénère et manque ses effets lorsqu'elle
ne se borne pas à ce fait bien défini : renouvellement continu,
mais insensible, de l'air usé par de l'air neuf, sans exposer
jamais les habitants du lieu à aucun refroidissement ni partiel,
ni général, à un péril, à un risque d'aucune sorte.

On n'a pas fait, que nous sachions, le même reproche aux
barbacanes placées sous le plafond supérieur ; mais il ne faudrait pas les y établir à trop petites distances l'une de l'autre
dans les étables trop basses ; elles ne devraient y être établies
non plus que le moins possible au-dessus des râteliers, lorsque
ceux-ci portent les moyens d'attache des animaux.

Jusqu'ici donc nous ne nous sommes point encore rencontré avec la ventilation proprement dite; nous allons enfin la trouver réelle, bien comprise, dans un appareil particulier qui prend le nom de *ventilateur*, et que, personnellement, nous avons étudié de près, dans de nombreuses applications, afin de pouvoir indiquer les conditions spéciales dans lesquelles il fonctionne régulièrement, effectivement, efficacement.

Le ventilateur est, de tous les moyens d'aération des étables, le moins connu et le moins employé : c'est le plus utile pourtant. Nous tâcherons d'en faire apprécier l'importance après en avoir indiqué avec détail le mode de construction le plus avantageux.

Dans le genre d'habitation qui nous occupe, un appareil de ventilation n'est applicable qu'à la condition d'être d'une installation facile et peu coûteuse. Ses fonctions bien déterminées consistent en ceci : servir à l'évaporation non interrompue des émanations animales, du gaz produit par la formation des matières excrémentitielles et du calorique en excès, au fur et à mesure qu'ils se forment ou se dégagent, et remplacer l'air vicié par de l'air frais et neuf, de manière à entretenir constamment l'air intérieur du local habité dans un degré de pureté suffisant.

Considéré sous le rapport de l'écoulement de l'air chaud dans un canal, le ventilateur n'est autre chose qu'une cheminée à basse température. Le problème à résoudre, pour sa construction bien entendue, peut se poser dans les termes suivants :

Étant donné le nombre d'animaux que doit contenir une habitation, soit une écurie, quelles doivent être les ouvertures des ventilateurs pour donner passage à la quantité d'air vicié dans une heure?

La solution complète de ce problème un peu compliqué repose sur des considérations abstraites trop étrangères à la spécialité de ce livre pour les développer ici. Il nous suffira de nous attacher purement et simplement aux résultats auxquels elles conduisent. Les voici donc :

Si la construction est en bois, le diamètre d'un ventilateur cylindrique à orifices libres sera de

0m,17 pour une écurie de 4 chevaux.
0m,19 — 5 —
0m,22 — 6 —
0m,25 — 8 —
0m,27 — 10 —
0m,50 — 12 —
0m,33 — 14 —

Le diamètre sera moindre si le ventilateur est en tôle, ou tout au moins le même diamètre suffira pour un nombre plus grand d'habitants, soit :

0m,17 pour une écurie de 5 chevaux.
0m,19 — 7 —
0m,22 — 9 —
0m,25 — 12 —
0m,27 — 14 —
0m,30 — 17 —
0m,33 — 21 —

Le bois, la tôle et le zinc sont les matières à préférer pour l'établissement des ventilateurs.

Le point de départ qui a servi à trouver les bases que nous venons d'écrire doit être connu.

On a supposé, étant donné le nombre de chevaux à loger, que la quantité d'air à renouveler dans leur écurie était de 10 mètres cubes par tête et par heure, et, dans cette hypothèse, on a tout naturellement admis que l'atmosphère intérieure serait entretenue à un degré de pureté suffisant, si l'on pouvait y exciter une ventilation de 10 mètres cubes par heure, pour chaque cheval. Ajoutons qu'on s'est placé dans les conditions les plus défavorables quant à la marche de l'air dans le canal, attendu que, s'il est toujours possible de modérer le tirage dans un appareil de ce genre, on ne peut pas toujours, au contraire, l'augmenter comme on le voudrait. Il y avait dès lors nécessité de procéder ainsi pour assurer l'efficacité du ventilateur dans **tous les cas.**

L'expérience paraît avoir démontré que la température de + 10° est la plus convenable pour le bien-être et la santé des chevaux de service. Supposons que cette température est constante en hiver dans l'écurie, et que le thermomètre se maintiendra à l'extérieur à une température moyenne de + 5°. La différence entre les deux températures serait dans ce cas de 5 degrés.

Si, dans cette hypothèse, on se rappelle qu'un cheval vicie 10 mètres cubes d'air par heure, et si l'on prend le dixième de la quantité d'air évacué par un ventilateur, on connaît le nombre de chevaux que peut contenir le local auquel l'appareil doit être appliqué.

Dans ce qui précède, il ne s'est agi que de ventilateurs cylindriques à ouvertures complétement libres. Qu'arriverait-t-il si l'on faisait varier la forme du canal et le diamètre de ses orifices?

Si l'on garnit l'extrémité supérieure d'un ventilateur cylindrique d'un orifice plus petit que la section transversale du corps de l'appareil, l'expérience prouve que la vitesse de l'air, à l'orifice, augmente à mesure que son diamètre diminue, et réciproquement. Si donc on applique à l'orifice supérieur des ventilateurs les diamètres que nous avons indiqués pour le canal même, et si l'on donne à ce dernier un diamètre plus grand, on augmentera à volonté la vitesse du mouvement de l'air dans l'appareil. Ce serait un moyen d'obtenir un tirage plus fort que celui qui serait nécessaire pour le nombre de chevaux fixé lorsqu'il s'agissait de ventilateurs cylindriques, libres aux deux extrémités.

Dans la pratique, il serait peut-être bien de ne pas tenir compte de l'augmentation de dépense due à l'élargissement inférieur du ventilateur; car beaucoup de circonstances, variables suivant les localités, rendent la ventilation plus ou moins efficace. En effet, pour que la ventilation fût parfaite, il faudrait que l'air vicié fût seul évacué et que l'air neuf introduit ne pût s'échapper par le canal qu'après avoir atteint son maximum de viciation. Les choses ne se passent pas ainsi, et lors même que l'air nouveau, que l'air respirable formerait avec l'atmosphère intérieure un mélange complet, il n'aurait pas plus tôt acquis la même température, qu'une partie s'engagerait dans le canal, avant d'avoir subi l'altération dont il est susceptible. Il y a donc toujours une certaine quantité d'air neuf perdue pour la ventilation et une partie d'air vicié qui parvient à s'y soustraire. La masse d'air pur ainsi dépensée en pure perte est plus considérable qu'on ne le croirait *à priori*, beaucoup d'air échappe au mélange et s'engouffre dans le ventilateur, en prenant le chemin le plus court.

Il en résulte qu'il convient de faire produire à l'appareil une dépense d'air plus forte que celle de 10 mètres cubes pour chaque cheval, et qu'il faut admettre, par exemple, que l'augmentation de dépense due à l'élargissement inférieur du canal supplée à l'inefficacité de la ventilation. On se tromperait si l'on comptait sur cette augmentation pour ajouter au premier chiffre des habitants de l'écurie ; un plus grand nombre n'y trouverait plus la quantité d'air respirable que nous avons dite leur être nécessaire. Nous fixons en conséquence, et définitivement, les diamètres des orifices inférieurs des ventilateurs, pour le nombre d'animaux correspondants, d'après la règle posée pour les ventilateurs cylindriques, libres aux deux extrémités. Quant au diamètre du canal, il reste sans fixation précise. Plus il sera grand relativement à l'ouverture supérieure, plus la vitesse et la dépense augmenteront à cet orifice, et plus aussi la ventilation sera active et complète.

Cependant, comme il est bon d'adopter une règle simple, applicable à tous les cas, nous admettrons que le diamètre de l'ouverture inférieure doit toujours être au moins double du diamètre de l'orifice supérieur : il pourra même être quatre fois plus considérable, et cette règle sera la même pour toute sorte de ventilateurs, cylindriques ou coniques, dont la section serait un cercle, un carré ou un polygone régulier, pourvu que l'on considère comme diamètre de l'orifice supérieur le diamètre du cercle inscrit dans l'orifice.

Faisons maintenant une application à la construction de ces appareils.

Dans ceux en bois, il faut préférer la section carrée comme
étant la plus simple. On pour-
rait toutefois adopter l'une
des trois formes A, B, A' de
la figure 6.

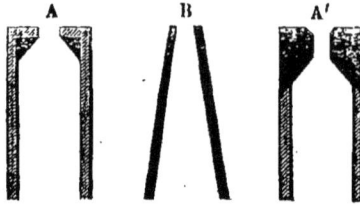

Fig. 6. Trois formes d'orifice supérieur
de ventilateur.

A diamètre égal aux orifices
supérieurs, la forme A est plus
favorable au tirage que la forme B, parce que le frottement
de l'air contre les parois du canal, augmentant à mesure que la
section diminue, est plus grand dans le second cas que dans le
premier. Si donc en général on donne la préférence à la forme
B, c'est que sa construction plus simple exige tout à la fois et
moins de matériaux et moins de façon que toute autre.

L'orifice supérieur ne doit pas être pratiqué en mince paroi,
comme par exemple dans la tôle ; il doit être cylindrique et
avoir de 8 à 10 mètres de longueur.

L'avantage de l'ajustage cylindrique sur celui en mince paroi
est d'augmenter la vitesse de l'air à l'orifice, dans le rapport de
93 à 65. Voilà pourquoi la forme A' serait encore préférable à
la forme A.

L'épaisseur ordinaire des planches est de 3 centimètres ou à
peu près. Le bois étant mauvais conducteur du calorique, on
peut considérer cette épaisseur comme suffisante pour empêcher le refroidissement de l'air qui parcourt le canal sans qu'on
soit obligé de le garnir d'une enveloppe extérieure. On fera
bien néanmoins d'employer du bois plus épais lorsqu'on ne
craindra pas d'augmenter la dépense. Enfin, on peut enduire
les deux faces du ventilateur d'une ou deux couches de gou-
dron, ou même de peinture à l'huile pour préserver le bois
des influences alternatives de la sécheresse et de l'humidité.

Quant aux ventilateurs en tôle, on doit adopter la section
circulaire et la forme cylindrique A', comme étant les plus favorables sous le double rapport du tirage et de la construction.
Mais, pour fonctionner utilement, les ventilateurs métalliques
doivent être pourvus extérieurement d'une enveloppe qui s'op-

pose au refroidissement de l'air intérieur et laisse au courant toute son activité. La terre glaise, de toutes les substances la plus mauvaise conductrice du calorique, paraît être la plus propre à fournir cette enveloppe. On en forme un corroi mêlé de paille hachée qui en augmente la ténacité, et l'on en applique une couche de 6 à 8 centimètres d'épaisseur autour de l'appareil, à partir de sa base jusque sous le toit. On pourrait encore entourer le ventilateur métallique d'une couche d'air qui serait encaissée dans une enveloppe en bois. Cet air, mis en communication avec l'atmosphère de l'écurie, acquerrait bientôt la même température et maintiendrait les parois du canal à une température égale à celle de l'air qui le parcourrait. On doit faire un reproche à la tôle, celui de s'oxyder facilement au contact des vapeurs qui se condensent à sa surface. Le zinc laminé, moins sujet à oxydation, la remplacerait avec avantage pour ce genre de construction, sans accroissement de dépense.

Les vents nuisent au tirage et refoulent la fumée dans les intérieurs lorsque la vitesse de l'air au sommet des cheminées, n'est pas de 2 à 3 mètres par seconde. Pour éviter le même inconvénient dans les ventilateurs, il importe que l'air conserve, à sa sortie, la plus grande vitesse possible. On atteint le but, avons-nous dit, en donnant au canal un diamètre plus considérable que celui de l'orifice supérieur. Mais, quand l'excès de température n'est que de $+ 5°$, la plus grande vitesse qu'on puisse obtenir est de $1^m,479$ par seconde, laquelle est évidemment trop faible pour obvier aux inconvénients signalés.

Il faut, dans tous les cas, adapter au sommet des ventilateurs un appareil qui puisse les soustraire à l'influence des vents. Le plus simple et le plus efficace consiste en un chapeau de forme variable qui recouvre à une certaine hauteur l'ouverture supérieure du ventilateur, et dont les bords, d'un plus grand diamètre que celui du tuyau, descendent un peu au-dessous de l'orifice du canal. Cette condition remplie, les eaux pluviales ne peuvent plus s'introduire dans le ventilateur, et les vents inclinés à l'horizon de haut en bas, les seuls qui

3

soient à redouter, ne pénétrant pas alors dans l'orifice, ne sauraient nuire au tirage. Ainsi, dans les lieux découverts et dans
les campagnes où les habitations sont souvent très-écartées
les unes des autres, et où l'on n'a point à craindre des courants dirigés de bas en haut, les appareils rempliront parfaitement l'objet auquel ils sont préposés.

Enfin, on leur donnera le moins de hauteur possible au-dessus de la toiture, car il est très-essentiel pour un bon tirage que
l'air chaud ne soit pas refroidi au sommet du ventilateur. Si
l'ajustage en tôle devait avoir plus d'un mètre de longueur, il
deviendrait nuisible en hiver, à moins qu'on n'empêchât le refroidissement par une enveloppe extérieure, complication qu'il
vaut mieux éviter.

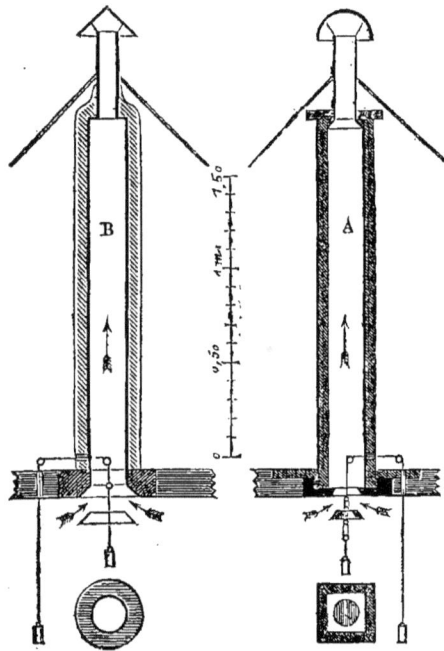

Fig. 7. Appareils complets de ventilation.
A, appareil en bois ; B, ventilateur en zinc
entouré d'une enveloppe de terre glaise.

S'il faut prendre des précautions pour acti-
ver le tirage au sommet des ventilateurs, il en
faut prendre aussi pour le modérer à la base,
lorsque la différence de température a dépassé
5°. Nous appellerons *modérateurs* les appareils destinés à remplir cet objet.

Pour les ventilateurs en bois A (fig. 7), les
modérateurs consistent en une sorte de soupape
circulaire, en bois éga-lement, de 3 à 5 centimètres d'épaisseur, taillée en biseau sur les
bords. Elle est traver-sée au centre par une

tige en fer ou en bois de 30 à 40 centimètres de longueur. Cette tige est suspendue par un cordeau qui se meut par deux poulies : l'une fixée par une tringle en fer au milieu du ventilateur, l'autre attachée à un point quelconque du plancher dans l'écurie. A l'extrémité inférieure de la tige on suspend un poids destiné à maintenir le modérateur dans un équilibre plus stable. On peut alors, en abaissant ou en montant la soupape, augmenter ou diminuer à son gré l'ouverture du canal, et régler la ventilation selon les besoins du moment. On peut même la rendre nulle en tirant tout à fait la soupape dans son emboîture et en fermant ainsi complétement l'orifice inférieur du ventilateur.

Un appareil entièrement semblable peut s'appliquer aux ventilateurs métalliques B (fig. 7) ; mais alors la soupape est en tôle ou en zinc au lieu d'être en bois.

Dans les figures A et B sont appliquées toutes les règles exposées jusqu'ici. Le ventilateur A est construit en bois ; on lui a donné la forme la plus favorable. L'autre dessin, B, représente un ventilateur en tôle, ou mieux en zinc, avec son enveloppe en terre glaise. Les chapeaux qui recouvrent l'un et l'autre appareil, quoique de formes différentes, remplissent cependant le même objet. Toutefois la forme sphérique du dessin A nous paraît préférable à l'autre.

Voyons maintenant quelles précautions nécessite l'établissement d'un ventilateur.

Autant que possible, on doit le placer verticalement et faire passer le chapeau par le faîte du bâtiment, sans lui donner plus de 0^m,30 à 0^m,50 d'élévation au delà de la toiture. Quant à son ouverture dans le plafond de l'écurie, elle varie de place nécessairement et se trouve subordonnée à la position des orifices d'entrée de l'air froid, c'est-à-dire des portes et des fenêtres. Supposons, par exemple, qu'il s'agisse d'une écurie présentant 5^m,20 de profondeur, 4^m,30 de longueur et 2^m,40 en hauteur. Si la porte P (fig. 8) et les trois fenêtres A, B, C, ne sont pas hermétiquement fermées, l'air frais pourra s'introduire symétriquement et à peu près en même quantité par deux côtés opposés de l'écurie. Dès lors il est évident que l'ouverture du ventilateur sera placée le plus avantageusement possible, au centre O du plafond. Mais, si l'air neuf n'avait

aucun accès par le côté BC,
l'air vicié, bien que le tirage
ne soit pas diminué, ne serait
plus également poussé de tous
les points de l'écurie vers le
ventilateur. Il s'établirait des
courants de A à O et de P à O,
tandis que la masse d'air comprise dans la partie opposée
resterait presque en équilibre.

Dans ce cas, l'ouverture du
ventilateur devrait être rap-
prochée du côté BC, et être

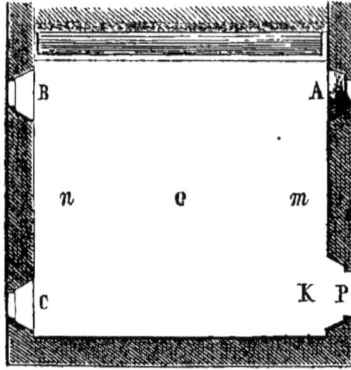

Fig. 8. Plan d'une écurie.

placée vers le point *n*. Que si, par exemple, on la plaçait au
point *m*, la ventilation serait moins efficace, de même qu'elle
serait à peu près nulle si on l'établissait en K et si l'on suppri-
mait la fenêtre A.

C'est que *ventilation* et *tirage* sont deux choses qu'il ne faut
pas confondre. La ventilation est efficace quand la plus grande
partie d'air vicié est évacuée et remplacée par de l'air respirable ; le tirage est fort quand la vitesse de l'air dans le ventilateur est considérable, et cela, abstraction faite de la qualité de
l'air qui est entraîné par le courant ascendant.

Lorsque l'air neuf peut s'introduire par les côtés A P et B C
— le ventilateur étant au point O — la ventilation est suffisante, efficace, par conséquent. Mais si l'air ne peut pénétrer
que par la porte P — le ventilateur se trouvant en K — la ventilation sera très-imparfaite et complétement inefficace, quoique le tirage ait pu acquérir une très-grande activité.

Il faut tendre à faciliter autant que possible le mélange de
l'air extérieur et de l'air intérieur de l'écurie. On y arrive en
éloignant l'embouchure du ventilateur des points par lesquels
l'air neuf peut pénétrer, sans la placer pourtant à un point
trop écarté du centre d'air intérieur. Le moyen le plus sûr
consisterait à pratiquer des barbacanes au niveau du sol et à

les placer d'une manière utile à une ventilation efficace. La
somme des surfaces de ces orifices d'entrée de l'air extérieur
devra être approximativement égale aux deux tiers seulement
de la surface de l'ouverture inférieure du ventilateur, autrement il s'introduit plus d'air froid qu'il n'est nécessaire.

On ne manque guère dans les campagnes, pendant les froids
rigoureux, de boucher avec de la paille, voire quelquefois avec
du fumier, les plus petites ouvertures donnant passage à l'air
extérieur. L'aération ne se fait plus alors que pendant les courts
instants où les exigences du service veulent que la porte de l'é-
curie soit ouverte. Nous n'avons plus besoin de nous élever
contre ce funeste usage. Est-il nécessaire enfin que nous ajou-
tions que les écuries basses, à plafonds écrasés, sont peu favorables à une bonne ventilation ? Ce qu'il y a de mieux alors,
c'est de relever autant que possible le plancher supérieur.
C'est tout au moins le premier remède à appliquer à cet inconvénient ; le second est l'établissement de ventilateurs bien
placés.

Supposons donc encore qu'il s'agisse d'une écurie contenant
huit chevaux, et mesurant 10m,40 en longueur sur une hauteur
de 2m,40. Nous reportant aux règles précédemment posées, un
ventilateur de 25 centimètres de diamètre au sommet suffirait
pour renouveler les 80 mètres cubes d'air vicié dans une heure.
Toutefois, si le ventilateur est placé au centre du plafond, il
est évident que l'air qui remplira les angles et les points extrêmes du local sera difficilement évacué par le ventilateur, à
cause de son éloignement de l'embouchure du canal d'évaporation. Dans ce cas, il y a avantage à établir deux ventilateurs
au lieu d'un. On les place alors de chaque côté de l'écurie, à
2m,50 du mur, et on leur donne à chacun un diamètre de
16 centimètres. Ils ne dépenseront pas plus d'air neuf que le
ventilateur unique de 25 centimètres de diamètre, et ils auront
sur lui l'avantage d'emporter la plus grande quantité de l'atmosphère viciée, tout en facilitant mieux, par conséquent, le
renouvellement de l'air respirable.

Il importe donc de multiplier le nombre des ventilateurs et

de mettre ces appareils en rapport avec les dimensions des
écuries. Voici la règle générale à observer :

Pour une écurie dont la longueur dépasse deux fois la hauteur, placer autant de ventilateurs que le comporte un espa-
cement égal au double de cette hauteur.

Soit une écurie de 3 mètres de hauteur, il faudra :

Un ventilateur, si elle a moins de 6 mètres de longueur ;

Deux pour une longueur de 6 à 12 mètres ;

Trois pour une longueur de 12 à 18 mètres ;

Et, cela va de soi, le diamètre des ventilateurs sera toujours
déterminé d'après le nombre de chevaux que l'écurie devra
contenir.

On nous aura trouvé bien long dans tout ce que nous avons
dit sur la construction des ventilateurs. Notre excuse est dans
cette double considération sur laquelle nous insistons : une
écurie qui renferme un certain nombre d'habitants ne saurait,
quoi qu'on fasse d'ailleurs, être parfaitement saine et convenablement aérée sans l'existence des ventilateurs; ces appareils
sont ou nuisibles, ou inutiles, ou efficaces, suivant qu'ils sont
mal établis ou judicieusement posés.

Le système des ventilateurs a été adopté ; ce n'est plus précisément une nouveauté. On en voit même beaucoup dans certaines contrées, mais on ne trouve nulle part les règles qui
doivent diriger dans leur construction, et la plupart de ceux
que nous avons eu occasion d'examiner étaient on ne peut
plus mal établis. Ceux-ci, mal placés, donnaient l'exemple d'un
tirage très-actif et devenaient la cause d'un trop grand refroidissement de la température intérieure; ceux-là, au contraire,
mal placés de même, ne contribuaient que d'une manière tout
à fait insuffisante au renouvellement de l'air neuf. Dans le premier cas, on en bouche l'orifice inférieur pour éviter les inconvénients qui naissent du froid excessif; dans le second cas,
on ne leur reconnaît aucune efficacité, et le local reste insalubre. Plus rarement, les avantages en ont été constatés d'une
manière irrécusable, et alors voici ce qui a pu être remarqué,
entre autres faits qu'il nous a été donné de recueillir.

Un ventilateur, construit au printemps, avec des planches encore un peu vertes, s'est retiré sur lui-même au point de se trouver disjoint sur l'une de ses faces, à son passage à travers le grenier à foin placé au-dessus de l'écurie. L'hiver suivant, pendant les premières gelées, une masse de vapeur condensée en dehors de la fissure que nous avons signalée avait formé un gros morceau de glace. Celle-ci, d'apparence sale et noirâtre, recueillie et fondue, a montré les qualités physiques d'une eau de mare de fumier un peu étendue.

Dans une écurie renfermant une trentaine de poulains en sevrage, écurie fort insalubre et que nous avions voulu améliorer par l'établissement de deux ventilateurs aux grandes proportions, la vapeur d'eau provenant de l'humidité du local et de la respiration de ses habitants retombait en grosses gouttes par les orifices inférieurs des appareils dans la rue même de l'écurie. Reçue dans des baquets pendant la nuit, elle était abondante au delà de ce qu'on aurait pu préjuger, présentait l'apparence d'eau de mare de fumier déjà concentrée, et faisait raison des maladies qui frappaient habituellement les jeunes animaux qu'on enfermait tous les ans dans ce local, pendant la mauvaise saison. Les gourmes y revêtaient un caractère de gravité peu ordinaire, et leurs suites étaient interminables. Le printemps et la mise au pré rendant les élèves à la vie extérieure, et les plaçant dans un local tout autre, avaient peine souvent à remettre les plus maltraités. Dans l'écurie améliorée au moyen des ventilateurs, les accidents devinrent beaucoup moins fréquents et surtout moins graves.

Rien d'ailleurs n'est indifférent dans la construction d'une écurie ; tout importe au contraire, et nous espérons bien en fournir d'autres preuves dans le cours de ce travail.

Les effets d'une bonne ventilation se manifestent promptement sur la santé, sur la vigueur, par la régularité et la plénitude des actes de la vie. Les races améliorées perdent de leurs aptitudes ; les races nobles, comme on disait autrefois, s'avilissent sous les influences contraires. Les animaux qui respirent un bon air, à pleins poumons, montrent plus de qualités, plus de

vitalité ; ils produisent plus, toutes autres circonstances égales
d'ailleurs. Les races arriérées et mal conformées se relèvent
jusque dans leurs formes ; elles revêtent peu à peu une autre
livrée ; elles prennent plus sûrement cette belle tournure, ce
cachet de propreté ou de distinction, cet air comme il faut, on
nous passera l'expression, qui séduisent l'acheteur et ajoutent
quelque chose au prix de vente.

Une dernière considération qui a bien son importance aussi,
est celle de la plus facile conservation, de la plus grande durée
de toutes choses dans les habitations assainies par une intelligente installation d'appareils de ventilation. Les planchers, les
portes, les fenêtres, les râteliers, tout ce qui est en bois dans
ces intérieurs et jusqu'aux enduits des murs se détériorent avec
une rapidité surprenante lorsque l'air se renouvelle difficilement. Tout le monde a remarqué cette couche d'humidité qui
se manifeste également sur toutes choses par des gouttelettes
d'eau jaunâtre plus ou moins grosses, qui finissent par ruisseler
le long des portes et des murs. On n'a jamais rien observé de
semblable dans les lieux bien aérés, dans les écuries où l'aérage
s'effectue rationnellement.

Avons-nous besoin d'ajouter que règles et appareil de ventilation, plus particulièrement étudiés au point de vue du logement du cheval, sont également applicables aux habitations des
autres animaux domestiques, du plus grand au plus petit, depuis la bouverie jusqu'à la magnanerie ? Tous respirent, tous ont
le même besoin d'air pur, d'air respirable.

DISPOSITIONS PARTICULIÈRES AUX DIVERSES ESPÈCES.

A. LES ÉCURIES.

Une définition. — Un grand cercle à parcourir. — Les réformes nécessaires. — Une comparaison instructive. — Par trop de gêne engendre fatigue et maladie. — L'air *étouffé* et les fumiers. — Une triste industrie.

A raison de son étymologie, le mot étable peut s'appliquer indistinctement à toutes les habitations des animaux, c'est même l'acception que nous lui avons donnée jusqu'ici, bien que l'usage le consacre plus spécialement à l'appellation du logement des bêtes bovines. Mais nous sortons des généralités pour nous occuper en particulier de l'habitation de chacune de nos espèces domestiques, et nous commençons par celle du genre cheval, par l'écurie proprement dite, par le local le mieux approprié aux besoins des chevaux, des ânes et des mulets.

Il y a bien des sortes d'écuries. C'est qu'aussi le cheval a plus d'une destination ; il remplit des emplois divers. Le luxe, les services publics, l'armée, l'agriculture réclament son indispensable concours, l'utilisation de ses forces, sa possession, en lui faisant une existence très-variée ; et puis enfin il y a la distinction des sexes, qui a aussi ses exigences, qui, dans la spécialité de la production et de l'élevage, impose la nécessité d'installations séparées pour l'étalon, pour la poulinière et pour les produits.

Voilà un cercle très-étendu à parcourir. Nous le restreindrons autant que possible sans l'écourter, car plus grande est l'utilité d'un animal, plus nombreux sont les services qu'on lui demande, plus diverse est sa destination, et plus aussi il a de besoins. L'intérêt commande impérieusement alors qu'on réunisse autour de lui tous les moyens propres à le tenir toujours en bonne condition de travail, qu'on lui fournisse les moyens de réparer ses forces, de se conserver le plus longtemps possible en état profitable pour le maître et pour le spéculateur.

On ne prêtait guère attention, dans le passé, à ces considérations importantes. Nous nous rappelons tous, en effet, la parci-
monie avec laquelle on nourrissait le cheval, il y a moins de
trente ans encore, malgré les exigences d'un travail excessif. Des
réformes se sont accomplies dans cette partie du régime ; elles
n'ont pas encore été étendues assez généralement à la question
du logement. Ici, il y a beaucoup à faire. L'amélioration de
l'écurie n'est pas moins urgente aujourd'hui que ne l'a été
l'amélioration de la nourriture. Les deux choses doivent être
mises sur le même plan ; elles constituent un progrès égal, elles
procurent les mêmes avantages.

Pour abréger ce que nous aurions à dire sur les inconvénients
d'une mauvaise écurie, nous plaçons sous les yeux du lecteur
deux modèles bien différents. L'un (fig. 9) montre une espèce
de bouge comme il y en a tant ; l'autre (fig. 10), une écurie
simplement améliorée. Que de gens, en examinant le modèle
défectueux à tous égards pourront dire : C'est cela vraiment, voilà
bien les écuries de nos petites fermes et de nos métairies. On
les retrouve partout les mêmes. Cette constance n'appartient pas
au progrès. Il n'y a que la routine pour généraliser ainsi le mal.

Et pourtant, que faudrait-il pour améliorer ce trou, pour le
rendre habitable et salubre ? Deux têtes de moins dans le rang,
et les cinq chevaux restants y seront presque à l'aise pour
prendre leurs repas et pour se coucher à volonté. La contrainte
actuelle aurait disparu. Ces deux chevaux couchés, et qui se
reposent si peu, ont été forcés, pour trouver place, de se reculer, et, en se portant ainsi en arrière, ils n'ont plus eu assez de
longe pour appuyer leur tête sur la litière. Ce repos sera-t-il
bien réparateur ? Ceux qui par nécessité sont restés debout ont
dû s'avancer trop au contraire vers l'auge, et prendre des positions tout aussi gênées. Ils ne se coucheront qu'à leur tour, si
on leur en donne le temps. Le besoin de dormir les accable, et
ils n'osent remuer, car ils ont instinctivement appris à respecter
le semblant de sommeil que *goûtent* ceux de leurs compagnons
qui sont parvenus à se coucher. Cette mangeoire si basse, eût-
il été bien difficile de la poser un peu plus haut ? Ce râtelier

dont la forme est si inutilement élevée, pourquoi n'a-t-il pas
été planté plus haut également, et pourquoi lui a-t-on donné
une si grande inclinaison? ne dirait-on pas qu'on a recherché
à dessein les conditions les plus mauvaises et les plus fatigantes?
Ne semble-t-il pas qu'il ait fallu se torturer l'esprit pour mal
faire, quand la première pensée ne pouvait que suggérer le bien?
et n'est-on pas surpris que cette forme si défectueuse se répète
avec une constance désespérante, qu'il ne se trouve pas un cultivateur pour la modifier, quand le charpentier s'y tient si
invariablement? D'autre part, eût-il été impossible de donner
plus d'élévation à ce plancher écrasé qui restreint si fort l'espace? A défaut de longueur et de profondeur, une écurie
rachéterait jusqu'à un certain point son insuffisance par la
hauteur du plafond. L'air y serait ainsi moins *étouffé*, et les
murs pourraient être ouverts, s'*orner* de fenêtres essentiellement utiles, au lieu de n'offrir que des jours insignifiants ou
dangereux. Les fumiers enfin ne devraient pas être autant accumulés dans un local où l'atmosphère ne se renouvelle jamais
complétement, et accroître par leur présence prolongée, sous
l'influence d'une température trop élevée, les causes déjà trop
nombreuses de viciation et d'insalubrité. L'état du plancher quel
est-il? Les foins qui le recouvrent reçoivent une partie des
émanations qui prennent naissance dans ce cloaque et, ils s'altèrent peu à peu jusqu'au point de devenir nuisibles à la santé
des animaux. Les habitants de pareilles écuries souffrent beaucoup en tout temps d'y séjourner; ils n'y vivraient pas longtemps si le travail ne les retenait de longues heures aux champs.
Pourquoi, du moins, pendant l'absence, ne laisse-t-on pas tout
ouvert, pourquoi n'arrache-t-on pas les bouchons de paille ou
de mauvais foin qu'on a placés dans les trous pratiqués aux
murs pour éviter une action trop forte de l'air extérieur frappant directement sur les yeux? Que d'incurie! on dirait d'un
parti pris d'entourer les chevaux qu'on renferme là dedans de
toutes les causes susceptibles de nuire à leur existence et d'a-
bréger la durée de leurs services.

Mais supposez maintenant que ces écuries soient peuplées de

Fig. 9. Une écurie défectueuse.

Fig. 10. Une écurie modèle.

poulinières ou de poulains, et demandez-vous s'il est possible que beaucoup d'avortements ne viennent pas réduire considérablement les profits de l'élevage? Telles sont pourtant les plus ordinaires conditions que le cultivateur fait à la production et à l'élève du cheval, à ce que les écrivains spéciaux appellent un peu pompeusement l'*industrie chevaline*. Triste, oh! bien triste industrie que celle qu'on abandonne à de pareils éléments d'insuccès!

Plaçons bien vite en regard de cette affreuse demeure le modèle d'une écurie améliorée, saine, et mieux entendue quant à son arrangement intérieur (fig. 10). Il y a au moins de l'air et de la lumière, et les conditions essentielles du confort. Cela saute aux yeux, mais les détails viendront un à un dans les paragraphes suivants.

1. LES DIMENSIONS INTÉRIEURES.

Longueur, largeur et hauteur. — La presse. — Ruine et réforme. — Les tapageurs. — Les précautions nécessaires. — Croupe à croupe et tête à tête. — Trois plans d'écurie. — Les formules. — Les combinaisons variées. — Fixité dans les dimensions. — Deux opinions. — Théorie et pratique. — Nous concluons.

En dehors des exigences de la respiration, sur lesquelles nous n'avons pas à revenir pour le moment, c'est le développement et le nombre des animaux, leur aisance absolue et les convenances du service qui déterminent les dimensions à donner, dans œuvre, aux écuries.

Ces dimensions se prennent naturellement dans tous les sens : longueur, largeur et hauteur.

Chaque tête occupe une place proportionnée à sa taille et à sa corpulence : on peut admettre comme extrêmes, dans le sens de l'épaisseur du corps, 1ᵐ,40 pour les plus petits chevaux et 2 mètres pleins pour les plus grands ; comme moyenne, nous écrirons ces deux chiffres : 1ᵐ,50 et 1ᵐ,75. Alors tous les chevaux réunis sous le même toit, placés dans le même rang pour vivre de la vie commune, auront assez d'espace pour se coucher à leur gré, s'étendre sans appréhension, et se reposer à leur aise. Tout cheval que l'exiguïté du terrain oblige à rester debout, lorsqu'il éprouve le besoin de se coucher et de dormir, souffre, se fausse les aplombs en se tenant mal, se montre moins disposé à l'heure où le travail recommence, et s'use plus vite, tout en se déformant avant l'âge. Nous pouvons le comparer à celui que des voisins gloutons intimident et dont partie de la ration est consommée par eux ; il maigrit par insuffisance de nourriture, ne répare pas en proportion des pertes que lui occasionne la fatigue, et tombe rapidement en non-valeur. Le remède à ces inconvénients s'offre de lui-même. En l'appliquant opportunément, on sauve des animaux utiles et de prix d'une réforme anticipée, et l'on évite des pertes sensibles, qui sont toujours une trop forte atténuation des bénéfices d'un pénible labeur.

Voilà donc qui donnera la mesure de la longueur de l'écurie : à supposer qu'elle doive recevoir habituellement cinq chevaux, elle aura, dans les moyennes générales indiquées plus haut, $7^m,50$ dans un cas et $8^m,75$ dans l'autre.

Voyons à présent pour la largeur. Cette dimension varie suivant que l'écurie est simple, c'est-à-dire à un seul rang, ou double, c'est-à-dire à deux rangs.

Lorsqu'on est à l'étroit, si les chevaux ne sont pas de la plus forte taille, on compte $3^m,50$ pour l'installation du râtelier, de la mangeoire et la place occupée par le cheval, puis encore $1^m,50$ en arrière pour le trottoir, pour le couloir de service si l'on veut, soit en tout 5 mètres. C'est un peu juste, car il faut pouvoir passer librement, aller et venir en toute sécurité, sans avoir à redouter les coups de pied au passage, sans dérangement aussi pour les bêtes qui sont au repos. D'ailleurs, on a souvent à sortir le cheval le plus éloigné de la porte, il faut qu'on puisse cheminer avec lui sans crainte ni pour lui ni pour aucun autre, et s'il y a dans le rang quelque mauvaise tête, ou quelque tapageur, il est évident qu'on sera tenu à plus d'attention, et qu'on n'aura pas toujours toutes ses aises. Mais enfin, à l'impossible nul n'est tenu ; si l'on est limité, on fait pour le

mieux ; on redouble de précaution et l'on se tire d'affaire.
Cependant, si on avait les coudées franches, s'il était permis de
tailler en plein drap, on n'hésiterait pas à accroître les dimensions ci-dessus de 50 centimètres, 75 centimètres, ou même
1 mètre tout entier pour les deux mesures, de façon à avoir en
tout 6 mètres, 6ᵐ,50 et même 7 mètres, largeur convenable
pour les grands.

Les écuries à deux rangs ont des exigences diverses, suivant que
les chevaux sont placés têtes aux murs, croupe à croupe, selon
l'expression consacrée, ou que le local, divisé en deux parties
égales par un mur de 3 mètres d'élévation, sur lequel s'appuient
râteliers et mangeoires, reçoit les habitants tête à tête, sans
qu'ils puissent se voir. Chacune de ces dispositions a ses avantages sans présenter d'autre motif de préférence que l'espace
même, que la forme et l'étendue du bâtiment dans lequel il
s'agit d'installer l'écurie. On dit de l'une et de l'autre ou ceci
ou cela, mais les propos n'ont rien de sérieux pour la pratique,
et les chevaux ne se trouvent ni mieux ni plus mal dans un sens
que dans l'autre, lorsque tout le reste est bien. Un conseil n'a
de prix, une recommandation n'a chance d'être suivie que
lorsqu'ils ont souci des circonstances et ne demandent pas
l'impossible.

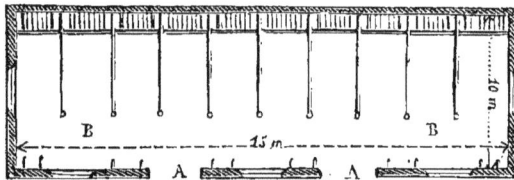

Fig. 11. Ecurie simple ou à un seul rang.

Nous donnons en plan, sous les nᵒˢ 11, 12 et 13, trois modes
d'arrangement intérieur, également acceptables. Le premier
(fig. 11) est bien simple dans ses dispositions. Destinée au logement de dix chevaux, de taille moyenne, cette écurie mesure
dans œuvre 15 mètres dans sa longueur et 5 mètres seulement
en largeur. La façade est percée seulement de trois fenêtres et

de deux portes AA. Le peu de largeur du corridor de service BB, rétréci encore par la nécessité d'accrocher les harnais au mur, faute d'une pièce où ils eussent été mieux, a forcé d'avoir deux portes au lieu d'une, qui aurait certainement suffi sans cela. L'aération est assurée, car, indépendamment des ouvertures de face et de côté, il y a, sous le plancher supérieur, trois tuyaux de drainage obliquement posés dans l'épaisseur du mur et placés à 3 mètres de distance l'un de l'autre.

L'emplacement total accordé à chaque tête se détermine aisément par cette formule :

$$S = 1^m,50 \times 5 = 7^{m.c.},50.$$

Nous dirons quelle masse d'air chaque animal trouve dans une écurie pareille lorsque nous en connaîtrons la hauteur.

La figure 12 se comprend et s'explique tout aussi facilement. Elle offre à deux rangs de chevaux BB, placés croupe à croupe, logement pour dix-huit têtes, neuf de chaque côté, ayant au râtelier une largeur de $1^m,50$ chacun, soit une étendue totale de $13^m,50$. C'est assez pour des animaux de taille et d'ampleur ordinaires ; il y aurait déjà de la gêne pour une plus forte race.

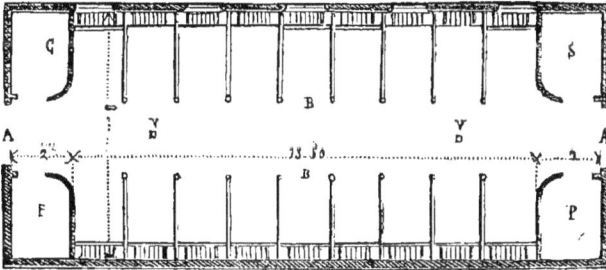

Fig. 12. Ecurie double avec couloir au milieu.

Dans la largeur, il y a relativement moins d'espace. On ne peut rien économiser sur le terrain occupé par les râteliers, les mangeoires et les chevaux ; ils prennent ensemble 6 mètres, 3 de chaque côté. Or, le bâtiment n'ayant dans ce sens que 8 mètres, l'unique rue de l'écurie n'a que 2 mètres. C'est tout autant que dans la première écurie dont nous avons parlé, mais ici les deux rangs, opposés croupe à croupe, aggravent les difficultés du passage. Par compensation, on a pu ouvrir une large porte à chaque extrémité AA.

On a trouvé le moyen de ménager quatre emplacements bien nécessaires pour le logement d'un palefrenier ou d'un valet d'é-curie C, pour une sellerie F, pour les coffres à avoine S et la descente des fourrages P. Avoine et fourrages sont emmagasinés dans le grenier qui règne au-dessus de l'habitation. La première descend directement dans les coffres, au moyen d'un tuyau en toile fixé à une trémie qui se pose sur une trappe ouverte, et dans laquelle on verse une quantité connue de grain ; les fourrages sont jetés du grenier dans le petit magasin temporaire, et y arrivent sans être salis, sans perte et sans pouvoir salir eux-mêmes les habitants de l'écurie. Inutile de dire que ces quatre pièces n'ont d'autre communication avec l'écurie qu'une porte s'ou-vrant dans la pièce même.

Le mauvais côté de celle-ci, on le découvre bien vite. Elle n'a de jour que sur l'une de ses faces, percée de cinq fenêtres, et par les deux portes surmontées de leur imposte. Heureuse-ment, ces ouvertures ont pu être établies dans les meilleures conditions, conditions qui seront indiquées un peu plus loin, mais il n'en résulte pas moins que l'aération présentait quel-ques difficultés dans la partie du local qui reste sans commu-nication directe avec l'air extérieur.

On a obvié à ce très-grave inconvénient de la façon la plus satisfaisante, en établissant au-dessus du râtelier, du côté privé d'ouvertures, deux ventilateurs aux points V, V, et trois bar-bacanes sous le plancher supérieur.

L'emplacement total accordé à chaque tête, dans cette com-binaison, donné par la formule suivante, prouve à quel degré devenait utile l'installation bien entendue de ces moyens de ventilation :

$$S = \frac{120}{18} = 6^{m.c.},60.$$

Le plan offert par la figure 13 est tout autre. Il montre une

écurie double, dans laquelle les chevaux occupent le milieu ;
on y a disposé vingt places, dix dans chaque rang, avec une rue
en arrière BB. Sur l'un des pignons aucune ouverture, aucun
jour ; à l'extrémité opposée, chaque rang a sa porte de service AA surmontée d'une imposte et d'une fenêtre. L'une des
façades a quatre fenêtres, la seconde en a cinq : voilà tout ce
que la disposition des lieux a permis sous ce rapport.

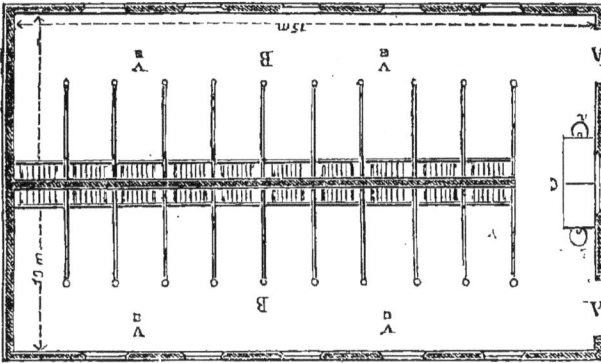

Fig. 13. Écurie à deux rangs, les chevaux placés tête à tête.

En longueur, on trouve 17 mètres ; 15 mètres sont pris pour
l'emplacement des chevaux, les 2 mètres restant forment un
couloir, dans lequel on a établi un coffre à avoine.

La largeur est seulement de 10 mètres ; deux de plus n'auraient pas mal fait assurément. Ils n'y étaient pas ; force a bien
été de s'en passer. En C est le coffre à avoine.

Recherchant la surface laissée à chaque tête, on la trouve
déterminée comme ci-après :

$$S = \frac{136}{20} = 6^{m.c.}, 80.$$

Pour les besoins de la ventilation, on a établi quatre cheminées d'évaporation aux points V, V, V, V.

Nous ne pousserons pas plus loin ces recherches. Toutes sortes
de combinaisons peuvent être supposées, car toutes se retrou-
vent dans la pratique. Que la disposition ou la forme du local

commande de placer les chevaux dans un sens ou dans l'autre, de fixer les râteliers et les mangeoires en long ou en large, sur un ou sur deux rangs, au milieu ou contre les murs, suivant l'orientement ou la convenance des diverses ouvertures ; tout cela n'a au fond qu'une importance secondaire. L'essentiel, nous insistons à dessein, est dans l'espace même, dans la surface carrée qu'on doit réserver à chaque habitant en raison des besoins respiratoires, des exigences du repos et des nécessités du service.

Il ne nous reste plus à parler que de la hauteur de l'écurie mesurée sous le plafond. On n'est pas tout à fait d'accord en ce qui touche ce dernier point. Deux opinions se font jour. L'un veut une dimension fixe ou à peu près, *ne varietur*, pour toutes les écuries, et la limite entre ces deux extrêmes peu éloignés, $3^m,30$ et 4 mètres. Le motif donné à l'appui a son fondement rationnel ; trop d'élévation rend plus malaisé le réglement de la température, le maintien de celle-ci au degré convenable en tout temps.

L'autre opinion est plus large. Solidement appuyée à la théorie, elle se livre à des calculs qui finissent par dépasser les besoins et, oubliant complétement, absolument, la question de température, elle arrive à solliciter au delà du nécessaire ou même du raisonnable. Il faut sans doute beaucoup d'air pur, mais il faut aussi de la chaleur. Or, dans la saison du froid, les écuries trop élevées ne sont plus assez chaudes, et les animaux n'y sont plus bien. D'ailleurs, nous ne comprenons pas bien comment, dans certaines combinaisons de logement, le même cheval, suffisant à toutes les exigences de la respiration, avec un volume d'air de 33 mètres cubes, ait besoin d'en avoir ou $37^m,50$, ou $45^m,37$, ou $49^m,50$, ainsi qu'on le demande, suivant qu'on le loge dans une petite écurie simple, dans une petite écurie double, dans une moyenne écurie double ou dans une grande écurie double. La théorie n'est pas bonne quand elle se montre aussi arbitraire. Les besoins de la respiration restent les mêmes ; ils ne changent pas plus suivant le lieu habité que ne change le besoin d'air pur. Il n'y a donc pas à dépasser les

exigences, à chercher les moyens de procurer au même animal
une quantité de 45 mètres cubes et plus, lorsque 33 mètres lui
fournissent une ration suffisante à tous égards. Ceci regarde la
ventilation : quand elle est bien entendue, elle supplée avec
avantage au résultat que, en dehors d'elle, on n'obtiendrait qu'en
partie d'une élévation démesurée des plafonds.

Nous penchons donc plus vers la première opinion, qui s'accorde mieux de toutes façons avec les résultats de l'expérience,
et nous admettons volontiers, comme une moyenne dont il faut
s'écarter le moins possible, une hauteur de plancher de 3^m,50
à 4^m,30.

Tablant sur ces données et les appliquant à chacun des trois
plans d'écurie qui nous ont occupé, nous aurons les chiffres
suivants :

Pour le plan représenté par la figure 11 :

Emplacement occupé par chaque tête. . . . . 1^m,50
Largeur totale de l'écurie. . . . . 5^m,00
Hauteur sous plafond. . . . . 4^m,00
$$(1^m,50 \times 5^m \times 4 = 30^m).$$

Pour le plan de la figure 12 :

Emplacement occupé par chaque tête. . . . . 1^m,50
Largeur du bâtiment. . . . . 8^m,00
Hauteur sous plafond. . . . . 4^m,30
$$(1^m,50 \times 8^m \times 4^m,30 = 51,60 : 2 = 25^m,80).$$

Et pour le plan de la figure 13 :

Emplacement occupé par chaque tête, y compris l'espace
vide de l'une des extrémités du local. . . . . 1^m,70
Largeur totale du bâtiment. . . . . 10^m,00
Hauteur sous plafond. . . . . 4^m,00
$$(1^m,70 \times 10^m \times 4^m = 68 : 2 = 34).$$

Dans ces exemples, c'est aux moyens de ventilation que,
rationnellement, on demande le complément d'air neuf utile au
jeu libre et régulier de toutes les fonctions de la vie.

II. Encore les portes et les fenêtres.

L'utilité la plus large.— Un simple coup d'œil.— Le seuil hospitalier
et le madrier extravagant.— Il faut qu'une porte soit bien faite. —
Serrures et verroux. — Les antipodes. — Les rouleaux. — Trous et
fenêtres. — Un contre tous. — Une règle absolue. — Paillassons et
stores.— Les attentions faciles et pourtant négligées.

Nous voulons réunir ici, comme en tout, la plus grande
simplicité à l'utilité la plus large. Parmi tous les vices de construction et d'arrangement intérieur des écuries, les portes et les
fenêtres ne sont pas ce qu'il y a de mieux entendu. Pour le bien
démontrer, nous complétons la comparaison que nous avons
déjà établie entre une mauvaise écurie et une écurie améliorée,
et nous donnons les figures de leurs portes respectives. Un simple coup d'œil en dira tout autant qu'il sera nécessaire pour
bien faire sentir la différence.

Et d'abord, quant à sa position, la porte figurée sous le n° 14,
est commodément placée, de manière à rendre faciles l'entrée et
la sortie des animaux. Haute et large, elle livre aisément pas-

Fig. 14. Porte d'écurie améliorée.   Fig. 15. Porte d'écurie défectueuse.

sage aux chevaux, même à ceux qui sont garnis de leurs harnais. Le seuil n'en est pas élevé comme celui du triste modèle
représenté par la figure 15, modèle si défectueux à tous égards,
que les difficultés y sont accumulées comme à plaisir. Son ouverture n'est point en rapport avec sa destination, avec la taille
ordinaire du cheval ; elle est encore diminuée par l'élévation

extravagante de ce madrier qui forme marche. Toutefois, la
raison d'être de cette disposition si incommode, on la trouve
dans la nécessité d'opposer une digue à l'invasion des eaux pluviales, car l'aire de l'écurie est plus basse que le sol extérieur.
Dans la disposition qu'il faut recommander et préconiser, c'est
le contraire qui a lieu : le cheval s'élève au lieu de descendre
lorsqu'il pénètre dans son habitation.

La bonne construction de la porte résulte bien plus de l'endroit où elle est établie et de ses proportions raisonnées que
du reste. Ainsi, elle peut être pleine, non brisée, à un seul battant ou à volets, à deux vanteaux même ; tourner sur des gonds
ou sur des pentures, et se développer en dehors ou en dedans
de l'écurie, ou glisser sur des rails et se ranger contre le mur.
Ces divers modes peuvent être adoptés suivant l'occurrence qui
engagera parfois à la surmonter d'une imposte mobile. Le système des pentures et ses analogues imposent l'obligation d'assu-
jettir avec soin le ou les battants, quand la porte doit rester
ouverte, afin que le vent ne la rejette pas innopportunément sur
les animaux, au moment où ils passent. Les serrures sont quelquefois nécessaires. Lorsqu'il est permis de s'en passer, on se
contente d'un verrou à deux têtes très-courtes, logé dans l'é-
paisseur même du bois, et qu'on met aussi facilement en mouvement du dehors que du dedans. Du reste, la serrure ne dispense guère du verrou, et nous préférons de beaucoup ce
dernier au loquet. Le loquet emploie trop de fer et surtout
en laisse trop en saillie sur la porte. Nous repoussons tout ce
qui peut blesser ou accrocher au passage. La porte qui s'ouvre
en glissant contre le mur n'a besoin ni de loquet ni de verrou.

Quelle différence pour les dimensions entre les deux modèles
que nous présentons au lecteur. Le bon mesure $1^m,50$ en largeur et $2^m,40$ en hauteur ; le mauvais à peine 1 mètre dans un
sens, et moins de $1^m,60$ dans l'autre. Les premières mesures
peuvent être adoptées avec confiance.

On a cru remédier aux inconvénients des baies trop étroites,
en conseillant de les garnir de rouleaux en bois, qui sont tout
un attirail. Nous en parlerons cependant.

On leur donne une longueur de 90 centimètres et un diamètre de 10 centimètres ; on entoure leurs extrémités de deux petits cercles en fer, et on les applique de chaque côté de la baie, à 1 mètre environ du seuil. Ils tournent verticalement sur deux tenons scellés dans le mur et à l'extrémité libre desquels entrent les tourillons placés aux deux bouts du rouleau.

On suppose que cet appareil empêche les animaux de s'abîmer en se heurtant aux montants de la baie. Les heurts ne sont à craindre qu'avec des ouvertures manquant de largeur, et pour nous, les rouleaux sont un excellent moyen de leur en retirer, car ils forment une saillie considérable sur la baie, ainsi que le

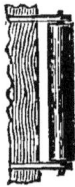

Fig. 16. Rouleau pour les portes.

montre la figure 16. Nous connaissons, pour les avoir longuement remplies, toutes les exigences de l'élevage, et nous n'avons jamais reconnu la nécessité d'appliquer des rouleaux dans les portes des jumenteries ou des écuries exclusives aux poulains. Nous les tenons pour inutiles, sinon gênants, quand les portes sont larges, et nous les regardons plutôt comme nuisibles lorsque les baies n'ont pas été ouvertes dans des dimensions suffisantes.

Nous n'aurons pas de comparaison à établir entre les fenêtres bien comprises de notre écurie améliorée et les fenêtres de l'autre. A de pareils bouges on se contente d'ordinaire de faire quelque méchant trou qu'on tient plus souvent fermé que libre. Cela n'empêche pas que dans une foule d'écuries, dans lesquelles on a eu la prétention de faire plus ou moins bien les choses, on ne trouve les fenêtres entendues à rebours. On s'est ingénié à multiplier les formes, à trouver des modes d'ouvertures divers, à compliquer les systèmes, sans s'arrêter au plus simple de tous, au meilleur aussi, car il satisfait également aux conditions d'éclairage, de salubrité et d'aération.

Ce n'est pas que les indications ou les recommandations aient manqué sur ce point ; elles fourmillent, au contraire, autant que les modèles varient. Laissons tout cela, et disons seulement comment ont été établies les fenêtres de notre petite écurie améliorée, représentée par la figure 10 ; elles peuvent servir de modèle à tous égards : il n'y en a pas de meilleur.

Notre écurie n'a que deux fenêtres placées derrière le râte-lier, parce que l'orientement l'a ainsi voulu. En d'autres con-ditions, elles auraient pu tout aussi bien et mieux être percées une à chaque extrémité, ou bien en arrière de la partie du local occupé par les chevaux, dans le mur de derrière, au milieu du-quel a pu être pratiquée la porte. Cette dernière, aussi, aurait pu ne trouver place qu'à l'un des murs des extrémités : tout cela n'a rien de bien essentiel quand le nombre des chevaux est proportionné aux dimensions intérieures. Il est toujours aisé, quand on le veut bien, de donner assez d'air et de lumière, d'aérer et de ventiler d'une manière assez sûre pour que l'écurie ne laisse rien à désirer sous le rapport de la salubrité.

Ce qui importe plus, c'est que les fenêtres soient bien éta-blies. On les tient plus ou moins hautes, plus ou moins larges, en raison même de la hauteur du plancher et du point du mur où il a été possible de les percer. La règle absolue est celle-ci : les pratiquer le plus près possible du plancher, et ne pas les faire descendre assez pour que l'air auquel elles donneront passage, quelle que soit d'ailleurs leur exposition, ne puisse frapper di-rectement ni le corps ni les yeux, et pour que, si froid qu'on le suppose, il ne puisse pas nuire aux animaux. En effet, pénétrant par les couches supérieures de l'atmosphère de l'écurie, il n'ar-rivera à la hauteur des chevaux qu'après avoir traversé les cou-ches les plus chaudes et leur avoir emprunté assez de calorique pour n'être plus très-froid en descendant dans les couches moyennes ou plus basses de l'air intérieur.

Les fenêtres de notre petite écurie modèle ont 1^m,65 de lar-geur sur une hauteur de 1^m,20 (fig. 17). Elles sont établies sur un châssis en fer vitré, s'ouvrant en dedans et de haut en bas, au moyen d'une petite corde et de deux poulies. On peut les ouvrir peu ou prou, autant qu'on le veut, autant qu'on le juge nécessaire à une bonne et complète aération. En y mettant quelque soin, on empêche que la température intérieure ne s'élève ou ne s'abaisse trop ; on parvient aisément à la mainte-nir à peu près égale. En été, on peut laisser tomber les châssis

4

contre le mur et les remplacer extérieurement par de petits
paillassons très-clairs et très-légers, faits avec de la belle paille
de seigle. Des stores en jonc constitueraient la perfection du
genre. Stores ou paillassons laissent passer l'air qu'ils tamisent
et qui pénètre ainsi plus frais; ils assombrissent aussi l'écurie
de manière à en éloigner les mouches et les cousins qui tourmentent tant les che-
vaux dans les condi-
tions opposées. En hi-
ver, si l'écurie est trop
froide, on place des
paillassons plus épais
à la place de ceux-ci,
et le châssis relevé re-
prend toutes ses fonc-
tions. Deux petites fi-
celles, passées dans
des anneaux, permet-
tent de relever et d'a-

Fig. 17. Fenêtre d'écurie vue à l'intérieur.

baisser les paillassons quand et comme on l'entend.

Voilà des attentions bien faciles; mais elles sont si peu dans
les habitudes générales, qu'il y a gros à parier qu'on s'y arrêtera peu. Qu'on abandonne au moins les mauvaises fenêtres,
celles à pivot, entre autres, le mode d'ouverture opposé à celui
qui vient d'être décrit, e tutti quanti; il n'y a de vraiment bon,
quant aux conditions de l'hygiène, que celui de la figure 17.

III. DE L'AIRE DES ÉCURIES.

Un rapport de cause à effet.— La livrée de l'incurie.— Souffrances et
usure.— Les accidents faciles à éviter.— Une inclinaison nécessaire.
— Divers procédés; — avantages et inconvénients.— Le pavé et le
béton. — Briques et sapin du Nord.— Quod abundat, non vitiat. —
Un dallage nouveau; — que vaut-il au juste? — Anglomanie. — Un
parfait modèle.

Indépendamment du défaut dont nous avons déjà parlé, et

qui présente l'aire d'une écurie comme moins élevée que le sol
extérieur, quoi de plus commun que de la trouver fort diver-
sement inégale à la surface? Sont en cet état les écuries abandonnées, celles dont la population chétive et mal tournée répond en tout à l'incurie qui l'étreint. Mais les soins donnés
au sol intérieur n'aboutissent pas toujours à des résultats meilleurs. Il arrive souvent, par exemple, que, de dessein prémé-
dité, les pieds antérieurs reposent sur une aire très-élevée,
tandis qu'une pente beaucoup trop rapide place l'autre bipède
sur un plan beaucoup trop bas. La station forcée sur une surface ainsi disposée déforme, use et déprécie le cheval. Ses
aplombs se faussent bien vite. La répartition du poids du corps
n'est plus ce qu'elle doit être. Les membres de devant ne portent pas assez ; ceux de derrière sont surchargés : il y a souffrance. Les extrémités antérieures se développent moins dans
le sens de leur largeur, le tendon reste grêle sous le genou, et
n'acquiert pas toute la solidité qui lui est nécessaire ; l'animal
se campe ou se retire sous lui, suivant les cas. Par contre, les
membres postérieurs fatiguent outre mesure, les jarrets et les
boulets succombent et se couvrent de tares. Tel est le sort des
produits qu'on soumet pendant l'élevage à une pareille contrainte. Pour trouver un peu de soulagement, les pauvres animaux prennent des positions diverses ; mais le plus souvent
ils se reculent autant que le permet la longueur de la longe,
attirent péniblement sous les pieds de derrière la plus grande
quantité possible de litière, afin de hausser d'autant le train
postérieur ; puis ils rapprochent les pieds de devant du centre
de gravité, et demeurent ainsi aussi longtemps qu'ils le peuvent.
Cette manière d'être, opposée à celle de se camper, les met sous
eux. D'autres restent dans la première position, et les conséquences n'en sont guère moins fâcheuses ; d'autres encore, faibles dans leurs boulets, par exemple, cherchent et finissent par
trouver un point d'appui quelconque sur lequel ils plantent la
pince des pieds postérieurs, et contractent bientôt alors cette
défectuosité particulière qui les rend pinçards. Enfin, quand ce
sont des poulinières qu'on tient ainsi sur une aire trop forte-

ment inclinée, l'avortement menace d'éteindre avant terme le produit de la conception. « Dans ce cas, dit M. H. Bouley, le poids du fœtus, entraîné par la déclivité, exerce sur le col de la matrice une action incessante qui le porte à se dilater prématurément; et du col rayonne, sur toute la tunique musculeuse de l'organe, l'influence excito-motrice qui la sollicite prématurément à entrer en contraction. »

Dans les écuries où les chevaux vivent en rang, attachés à la mangeoire, il y a nécessité d'incliner l'aire dans le sens même de la longueur du cheval, afin que les urines tendent toujours à s'écouler en arrière, et ne restent pas au milieu de la couche de l'animal. L'inclinaison du sol est moins nécessaire dans les boxes, dans les écuries où les chevaux non attachés conservent leur libre arbitre. Dans tous les cas, la pente à établir doit être uniforme dans toute l'étendue de l'aire, du râtelier à la partie opposée du local, où il peut être avantageux de la faire aboutir à une rigole ménagée à dessein, et destinée à conduire les urines hors de l'écurie. Mais, que l'on établisse ou non cette rigole, la pente dont nous venons de parler ne doit pas offrir plus de $0^m,004500$ par étendue de $0^m,33$, deux lignes par pied, comme on disait autrefois, ou $0^m,040600$ environ sur tout l'espace qu'un cheval peut occuper en longueur dans son écurie, soit environ 3 mètres.

Quant à la nature du sol, elle est très-variable. La règle générale serait qu'elle fût toujours ferme et imperméable. Le plus ordinairement on se contente de battre la terre plus ou moins mêlée d'argile ou de débris de chaux, afin de lui donner une certaine solidité et de la mettre à même de résister tout à la fois à l'action dissolvante des urines et au piétinement des animaux. D'autres fois on bétonne avec soin, ou bien on pave, ou l'on planchéie.

Chacun de ces procédés a ses avantages et ses inconvénients. Nous serions entraîné à trop de longueur, si nous voulions les passer tous en revue. Il suffira sans doute que nous indiquions notre préférence; elle est acquise au pavage en bois, pratiqué avec des morceaux de sapin du Nord taillés en briques. Cette qualité de bois ne s'use que lentement, forme une couche pres que élastique sous le pied quand celui-ci frappe avec force sur le sol ; elle ne l'*étonne* pas du moins, et n'a pas, sous ce rapport, les inconvénients qu'on reproche avec raison aux cailloux et aux pavés en grès. Ces briques de bois, posées sur champ, . peuvent être taillées à nouveau ou retournées quand elles sont usées à l'une de leurs extrémités, si on leur a donné assez de longueur, soit de 0^m,30 à 0^m,40, par exemple. Elles ne doivent pas avoir plus d'épaisseur que les briques ordinaires en terre. Ce mode de pavage emprunte d'ailleurs beaucoup de solidité à la manière de le poser : c'est dire qu'il faut aussi donner quelque attention au sous-sol.

Le sapin du Nord est cher dans les contrées éloignées et dans celles qui n'ont point de relations directes avec les pays qui le produisent ; on peut alors le remplacer par des bouts de chêne ou de toute autre essence de bois dur, dont la tête a été façonnée en carré à la manière des pavés en grès ; mais il y a une grande différence quant à la durée.

On a critiqué ce mode de pavage, dont on s'est exagéré à plaisir le prix de revient : nous le donnons comme étant la perfection, et comme ayant sur tout autre, pour le cheval, une immense supériorité au double point de vue de l'hygiène générale et de la conservation des membres. Le pied est chose si essentielle pour le cheval, le pied et les membres, que nous ne trouvons aucune attention, pour les maintenir en bon état, ni superflue ni inutile. On peut bien dire ici, en toute justice : *Quod abundat, non vitiat.*

Cependant, le trouve-t-on trop luxueux, voici un mode recommandé par M. Anselme Petetin, que nous laissons parler : « J'ai pratiqué depuis neuf ans, dit-il, et je pratique sans cesse un dallage en béton hydraulique... *Il est facile,* et tout cultivateur peut l'exécuter sans l'aide d'aucun ouvrier d'art. Il suffit, 1° de modeler le sol de l'écurie suivant les pentes, contre-pentes et rigoles qu'on y veut avoir ; 2° de battre et d'humecter le sol ainsi préparé ; 3° d'y répandre le béton à la pelle, et de le battre à mesure, à la planchette, de façon à l'égaliser en faisant ren-

4.

trer les cailloux ou graviers qui se présentent à la surface, et à rendre la surface compacte pendant qu'elle conserve sa liquidité ; 4° de revenir, quand le sol est tout entier couvert, et lorsque le béton, sans être sec, commence à s'essuyer à la surface, et d'y imprimer, en long, en large, en losanges, avec une baguette ou tout autre instrument, de petites rainures de quelques millimètres de profondeur, dont les arêtes ou saillies suffisent pour que le pied des bêtes ferrées, chevaux ou bœufs de travail, ne glisse pas, et qu'en se couchant ou se relevant, ces animaux ne risquent pas de se blesser. . . . .

« Aucun pavé, aucun dallage n'offre plus de facilité pour le prompt nettoyage, pour la propreté constante, pour la commode et économique distribution des litières, pour la fraîcheur en été et la chaleur en hiver. »

Voilà de grands avantages ; mais ce dallage est très-dur au pied du cheval, qui frappe souvent le sol avec force et impatience. Dans ce cas, il y a dans toutes les articulations des membres des retentissements qui les fatiguent beaucoup à la longue et qu'il est essentiel de prévenir.

Beaucoup de gens ne nous pardonneraient pas de passer sous silence la manière de faire des Anglais dans la question qui nous occupe. Ceux-là s'imaginent que nous ne savons rien en France de ce qui concerne le cheval, et que nous n'avons rien de mieux à faire, sous ce rapport, que d'imiter nos voisins en toutes choses, que de les copier servilement. Nous ne sommes pas anglomane à ce point, et nous ouvrons très-volontiers les yeux pour bien voir, lorsqu'on nous met en face d'une pratique anglaise ; en général même, pourquoi ne le dirions-nous pas ? nous nous trouvons assez bien d'y regarder ainsi à deux fois, au lieu d'accepter aveuglément ou de confiance.

En consultant les livres les plus accrédités sur la matière, nous sommes surpris d'y rencontrer si peu de conseils judicieux, et d'y prendre si mauvaise opinion de la pratique usuelle. La nôtre est préférable, à tous égards, chez ceux qui écoutent les bons enseignements de l'hygiène ; elle n'est ni pire ni meilleure chez les routiniers ou les indifférents.

Il serait donc oiseux de discuter ce qui se fait en Angleterre pour placer le cheval sur une aire d'écurie convenable. Nous aurons été plus complet en intercalant ici un court passage qui donnera une idée exacte du reste ; il est extrait de John Stewart (*Economie de l'écurie*).

« La gravure ci-après, dit-il (fig. 18) , représente l'intérieur de l'écurie érigée par feu M. James Donaldson. Sauf pour la largeur, c'est un modèle parfait d'une écurie de deux stalles. La moitié du pavement de chaque stalle est en briques ; l'autre moitié est couverte d'une seule pierre entaillée en carrés, et

Fig. 18. Un modèle d'écurie en Angleterre.

forée à chaque intersection de ceux-ci. Ces ouvertures conduisent l'urine à un canal souterrain, qui peut être nettoyé dans toute son étendue en soulevant la grille. Ceci semble un bien meilleur système que le grillage en fer, puisque c'est moins étendu, moins coûteux, moins susceptible d'occasionner ou de souffrir des dégâts, et ne requiert pas de pente dans aucune partie de l'écurie. Sous d'autres rapports, cette écurie est très-soignée. Il s'y trouve une chaudière derrière la stalle de fond, une armoire, une fenêtre bien placée ; les mangeoires et les travées sont mobiles. Elle n'a que 12 pieds de largeur ; si on voulait l'imiter, il faudrait faire le passage de 3 pieds plus large. Dans ce dessin, la crèche est placée trop bas et le râtelier trop haut. »

Elle a bien d'autres imperfections vraiment avec ces hautes stalles qui enterrent les habitants et ces affreux piliers qui n'ont aucune utilité. Mais pour le moment, il ne s'agit que du sol, et, parmi nous sans doute, nul ne voudrait de ces grilles dont les inconvénients sont si nombreux. L'écoulement des urines ne nécessite pas l'emploi d'un système aussi compliqué dans une habitation de chevaux de service; la question reviendra plus tard. Il nous suffit de dire, quant à présent, que l'écurie de feu James Donaldson n'est rien moins à nos yeux qu'un modèle parfait.

IV. LE PLANCHER SUPÉRIEUR DES ÉCURIES.

Vices de construction. — Les émanations malfaisantes. — Il y a voûte et voûte. — Plancher voûté en briques. — Un mode économique. — Plafonnage et carrelage. — Les abat-foin et leurs inconvénients.

La clôture supérieure des écuries, le plancher, ne le cède guère en mauvaises dispositions à l'aire qui vient de nous occuper. En beaucoup d'endroits, le grenier aux fourrages règne au-dessus des habitations des animaux, dont il n'est séparé que par des solives ou même par des perches de rebut. Une pareille clôture est défectueuse à tous égards. La masse des fourrages qu'elle supporte reçoit de l'écurie des émanations malsaines qui là pénètrent et l'altèrent profondément; en retour, elle laisse tomber dans les râteliers, dans les mangeoires et sur les chevaux, de la poussière et des ordures de toute espèce, qui salissent les aliments et dégoûtent les animaux, qui irritent la peau et deviennent la source d'affections sporiques d'autant plus lentes à disparaître, que la cause est à peu près permanente. Enfin, dans les cas d'incendie, ce mode de clôture est une occasion de plus grands désastres, car personne n'ignore les difficultés qu'on éprouve à tirer les chevaux d'un local dans lequel le feu a éclaté. Demander que la partie supérieure des écuries de fermes soit établie en voûtes telles qu'on les a conseillées autrefois, serait certainement oiseux. La voûte en pierre est une sorte de travail d'art hors de proportion avec le genre de constructions dont il s'agit ici. Très-chaudes en hiver, les voûtes sont trop fraîches en été pour des animaux auxquels on ne peut pas toujours donner les soins d'hygiène indispensables. Ce mode coûteux ne nous paraît donc pas de nature à être recommandé comme réunissant les plus grands avantages.

Il n'en est pas de même du plancher voûté en briques, tel que M. Remy l'a décrit et figuré à la page 449 du tome VI, 4ᵉ série du *Journal d'Agriculture pratique*, et tel d'ailleurs qu'on est en usage de l'établir en Flandre et en Belgique. C'est la nécessité de soustraire les produits agricoles aux inconvénients que nous venons de signaler qui a fait adopter le plancher supérieur voûté en briques ; c'est pour ajouter aux bonnes conditions d'hygiène que réclament les habitations de tous les animaux, que nous en approuvons le système comme clôture supérieure des écuries, offrant le double avantage de la parfaite conservation des grains et fourrages qu'on enferme dans les greniers placés au-dessus des habitations des animaux, et d'un état de salubrité plus complet pour les habitants de l'étage inférieur.

Voici, du reste, le mode de construction de ce plancher, à la fois simple et économique.

Contre chacune des faces des deux poutres A, A (fig. 19), on cloue une petite chanlate BB pour maintenir les extrémités de la voûte.

Une carcasse cintrée est appliquée dessous,

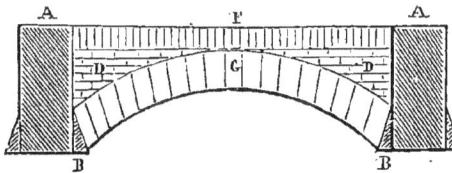

Fig. 19. Plancher voûté en briques.

et l'on place des briques C dans l'ordre observé dans la figure, en les reliant ensemble à la manière ordinaire. Quand on a fini sur un point, on replace le cintre sur un autre, jusqu'à ce que l'espace compris entre chaque poutre soit rempli.

Quand il n'y a pas trop de portée, on peut le faire d'un seul morceau, et cela vaut mieux.

Quand on a terminé, on fait un remplissage en DD, et l'on a ainsi, supérieurement, un plancher parfaitement régulier, *extrêmement solide* et *imperméable* à toutes émanations inférieures.

Poutres, chanlates, briques et matériaux de remplissage, mortiers et couvre-joints, le tout compris ne dépasse pas 8 fr. 50 c. le mètre superficiel. Il n'est guère possible d'avoir quelque chose de mieux et à meilleur marché.

Immédiatement après ce mode, vient le plafonnage, et, dans tous les cas, le carrelage de la pièce du dessus. A défaut de ces divers procédés de clôture, tout au moins faut-il qu'un simple plancher en bois soit exécuté avec soin et parfaitement clos dans toute son étendue.

Il est facile de pressentir que nous n'aimons pas les abat-foin, ces ouvertures par lesquelles on fait tomber les fourrages du grenier dans les écuries. Ceux qu'on ménage au-dessus des râteliers sont assurément très-commodes pour la distribution des rations ; mais la poussière qui tombe en même temps nuit tout à la fois aux organes de la vue et aux voies respiratoires ; elle couvre la peau, y adhère, y forme corps étranger, et y détermine des prurits qui dégénèrent presque toujours en dartres sur la tête, en *rouvieux* sous la crinière, en gale sur les diverses parties du corps. Les inconvénients ne sont qu'amoindris lorsque l'abat-foin est placé en arrière des chevaux ou sur l'un des côtés du bâtiment. Quand leur ouverture n'est pas fermée par une trappe, elle donne passage à toutes les émanations qui s'échappent de l'écurie, et devient une cause très-active de l'altération des fourrages. On a pu constater, en certains cas, que ces derniers, tout en se détériorant, pouvaient augmenter en poids dans la proportion du huitième, et même du septième, dans un espace de temps assez court. Ce fait ne saurait surprendre, si l'on veut bien se rappeler ce que nous avons dit plus haut en parlant du fonctionnement utile des ventilateurs. Que si l'on veut absolument que le service des fourrages soit

fait par une trappe, on peut isoler cette dernière à l'une des
extrémités de l'écurie au moyen d'un mur ou d'une cloison en
planches qui séparerait l'écurie de la chambre aux fourrages.

V. ARRANGEMENT INTÉRIEUR ET AMEUBLEMENT DES ÉCURIES.

Les écuries simples et les écuries doubles.— Les meubles meublants.
La mangeoire. — Les râteliers. — Porter au vent et porter beau. —
Les modes d'attache. — Un moyen défectueux et un système perfectionné. — Anneau, barre de fer et rainure. — Un meuble inutile. — Les lits d'écurie. — Gardien permanent et surveillant de
passage. — La nuit et le jour. — Une étude *ex professo*. — Une
ânerie médicale. — Les coffres à avoine. — Le guichet.— Les ron-
geurs. — La souricière perpétuelle. — Les réservoirs d'eau permanents et les arrosages éventuels.

1. Les écuries reçoivent des chevaux sur un ou sur deux
rangs; des râteliers et des mangeoires les meublent : on y place
assez souvent des coffres à avoine, et quelquefois des lits pour
les hommes de service. Le plus ordinairement, les chevaux,
habitués à la vie commune, au travail en commun, restent lit-
téralement côte à côte, sans qu'il en résulte aucun inconvénient; mais, parfois aussi, il en est qui veulent être séparés; il
en est qu'il faut défendre contre des voisins plus ou moins incommodes, querelleurs ou gourmands. Il est des cas enfin où
l'on distribue un intérieur en compartiments distincts dans
lesquels on loge les poulinières en état de plénitude, celles qui
nourrissent, et, plus tard, les poulains en sevrage.

Dans les écuries doubles ou à deux rangs, les chevaux sont
placés croupe à croupe, ou tête à tête. Cette dernière disposition fait gagner un peu de terrain, surtout si les murs opposés
aux croupes sont percés de portes qui facilitent l'entrée et la
sortie des chevaux, car alors les rues ou trottoirs n'ont pas besoin d'être tenus aussi larges. Dans l'autre disposition, l'écurie
n'a qu'une rue au milieu, large de 2^m,50 au moins, afin que le
passage des chevaux entre les deux rangs ne les expose à aucun
accident. Le service est plus facile et la surveillance plus sûre

dans ce système que dans l'autre; mais celui-ci laisse libres les murs contre lesquels viennent s'appuyer les râteliers quand les animaux sont placés croupe à croupe.

Il ne saurait, à cet égard, y avoir rien d'absolu. Les arrangements intérieurs dépendent beaucoup du système général des bâtiments, sur lequel il y a eu nécessité de se conformer dans l'édification des gros murs de l'écurie.

2. Quel que soit le mode auquel on s'arrête, il y a des règles à observer dans la construction et dans la pose des mangeoires et des râteliers.

La mangeoire doit présenter de $0^m,35$ à à $0^m,40$ d'ouverture dans sa partie supérieure ; elle va en diminuant vers le fond, de manière à perdre $0^m,10$ à $0^m,12$ de largeur. Si on lui donne $0^m,30$ de profondeur, elle réunira, pensons-nous, des proportions parfaitement convenables quant à sa meilleure destination. La hauteur de son bord supérieur peut mesurer, pour des animaux de taille moyenne, $1^m,20$ à partir du sol.

Ainsi que nous l'avons déjà dit, les râteliers doivent être montés presque droit, contrairement à l'usage où l'on est de les incliner fortement sur la tête des chevaux. Ceux-ci alors y prennent le fourrage sans fatigue, et la poussière, quand il y en a, les débris de toute sorte, ne tombent pas sur les yeux et sur la crinière. Le râtelier, pour les tailles moyennes, que nous continuons à considérer comme type, doit commencer à $0^m,20$ au-dessus du bord supérieur de la mangeoire, et s'élever ensuite à $0^m,35$ environ. Les fuseaux ou barreaux auront entre eux un écartement de $0^m,08$ à $0^m,10$. A cette distance, les chevaux n'éprouvent aucune difficulté à extraire les plus gros fourrages. Les barreaux devraient être mobiles et cylindriques; il serait désirable qu'ils fussent en fonte. Les mangeoires sont en pierre ou en bois dur. Dans ce dernier cas, il y a quelquefois nécessité de les garnir en tôle sur le bord antérieur. Cette précaution est surtout utile dans les écuries spéciales aux jeunes sujets, afin de prévenir la mauvaise habitude de mordre le bois, laquelle précède presque toujours celle de tiquer.

Il ne faut pas perdre de vue que les râteliers placés à une

trop grande élévation du sol donnent à l'encolure une attitude défectueuse et peuvent exagérer, chez les jeunes sujets qui y sont disposés, l'imperfection assez grave qu'on nomme *porter au vent*. Les poulains élevés devant des râteliers convenablement établis prennent de l'élégance dans l'avant-main et *portent beau*. L'encolure se déforme, au contraire, chez ceux que l'on astreint à prendre leurs aliments dans des mangeoires et à des râteliers posés trop bas ou trop inclinés (fig. 20).

Fig. 20. Chevaux séparés par une barre défectueuse et attachés d'une manière non moins défectueuse.

3. C'est à la mangeoire qu'on attache les chevaux qui vivent en commun. Elle est munie, à cet effet, d'anneaux en fer dans lesquels glisse la longe du licol. Ce mode d'attache est le plus simple mais non le meilleur, bien que le plus usité. Il a plusieurs inconvénients, et entre autres celui de rendre assez commune l'enchevêtrure. Rarement aussi il permet de laisser à la longe assez de longueur pour que l'animal puisse poser sa tête sur la litière lorsqu'il est couché.

La longe trop longue favorise et multiplie les enchevêtrures, tout en laissant trop de liberté d'action ; trop courte, elle s'oppose au repos complet des animaux ; la dimension moyenne est arbitraire et n'est que fort éventuellement une sauvegarde efficace. Quoi qu'il en soit, il faut au moins que les anneaux de la mangeoire soient larges, afin que la longe passe librement dedans, monte et descende. Il faut, en outre, que le billot suspendu à l'une de ses extrémités, en vue de s'y tenir engagé, ait le poids nécessaire à l'effet qu'il doit produire pour que la longe ne forme pas une anse, dans laquelle se prendraient aisément les membres. On a cherché à diminuer les chances d'accidents en doublant le nombre des anneaux, afin d'attacher la tête par deux longes au lieu d'une. Il ne faut pas être un grand clerc pour reconnaître que cette imagination n'a pas donné plus d'aisance au cheval, et qu'elle ne l'a pas non plus préservé de beaucoup d'accidents. Cependant, il y a pire encore, car en nombre d'écuries de fermes, parmi les plus peuplées, on se contente de pratiquer des trous obliques dans l'épaisseur de l'auge : on y passe la longe, à l'extrémité de laquelle on tortille un peu de foin et de paille, ainsi qu'on le voit en la figure 20. Ceci n'a pas besoin de commentaires.

Dans les écuries à stalles, on emploi un autre mode. Celui-ci consiste en une barre de fer ronde fixée d'une part à la mangeoire et scellée par son autre extrémité au sol (fig. 21). Un gros anneau portant une demi-longe monte ou descend sur cette barre, suivant que le cheval lève ou baisse la tête. Ce système présente deux avantages : il laisse beaucoup de liberté au cheval et lui ôte tout moyen de se prendre les membres postérieurs dans sa longe. S'il y met parfois un membre antérieur, il apprend bien vite à le retirer de lui-même et sans qu'il en résulte jamais d'accident. L'inconvénient de ce système est de produire un bruit assourdissant quand les chevaux sont nombreux à l'écurie. On l'évite en remplaçant la barre de fer par un petit madrier en chêne (fig. 22), offrant une rainure qui prend toute son épaisseur et derrière laquelle on place un billot en bois soutenu par une extrémité de la demi-longe. Celle-ci monte ou s'abaisse, suivant les mouvements de la tête, sans occasionner le bruit intolérable de l'anneau qui se meut sur la barre de fer. Ce mode d'attache mérite d'être connu et généralisé. Il n'a réellement que des avantages.

Fig. 21. Chevaux attachés par une longe dont l'anneau glisse dans une barre de fer fixée au sol et à la mangeoire, séparés par une barre de bois bien établie.

Fig. 22. Cheval attaché par une longe glissant dans la rainure d'un madrier en chêne.

4. En quelques endroits, on supprime les râteliers comme

meubles inutiles et pouvant servir de prétexte aux hommes de
service pour une consommation abusive de foin et de paille.
Dans ce système, la mangeoire est divisée par compartiments en
nombre égal à celui des chevaux, et de manière à ne leur laisser qu'une étendue de 30 centimètres environ, afin que chaque
animal, sans être gêné dans ses mouvements, ne puisse pas
gâter sa nourriture ou en perdre une partie, en cherchant ce
qui lui appète le plus dans le mélange qu'on lui administre.
C'est alors un régime tout autre que celui auquel est soumise
la presque totalité de nos chevaux. Il se compose de fourrages
hachés, concassés ou ramollis par la cuisson et par la macéra-
tion. Nous sommes peu favorable à ce mode d'alimentation ; il
ne convient pas à des animaux qui fatiguent, mais ce n'est point
ici le lieu d'en traiter ; nous dirons seulement qu'il exige des
dispositions toutes particulières et tout un attirail d'ustensiles
spéciaux dont nous n'avons pas à nous occuper en ce moment.

5. Les lits et les coffres à avoine, quand on en veut dans une
écurie, seront placés et presque dissimulés dans des coins ou
dans des enfoncements des murs ; ils doivent présenter le moins
de saillie possible et ne gêner en rien la circulation intérieure.
Les lits qu'on établit à une certaine élévation, qu'on suspend,
en quelque sorte, entre le sol et le plancher, offrent bien rarement des conditions de salubrité satisfaisantes. Il est préférable
de les placer, en tête de l'écurie, dans une chambre spéciale
ayant vue sur les animaux, mais complétement isolée et pouvant aussi recevoir le coffre à avoine, qu'on peut faire communiquer directement avec le grenier au moyen d'une trémie de
laquelle descend un long canal ou long sac étroit en toile.
L'avoine, convenablement vannée, arrive par cette voie dans le
coffre, sans perte et sans beaucoup de peine.

C'est une disposition de ce genre et plus complète encore que
présente le plan d'écurie figuré sous le n° 12. Mais puisque
l'occasion s'en présente, nous voulons parler de deux choses
essentielles, des lits d'écurie et des coffres à avoine.

a. Les chevaux ne sont pas toujours paisibles dans les écuries où le chapitre des éventualités est rarement fermé. Il en

résulte qu'on aime que la surveillance n'y soit jamais interrompue.

La surveillance de nuit implique la nécessité de faire coucher un gardien, et, par conséquent, d'avoir au moins un lit.

Lorsque le gardien est toujours le même, le lit doit lui offrir tous les moyens de reposer complétement et sainement ; il faut, dans ce cas, le pourvoir de draps et de couvertures, et le laisser exposé à l'air, à l'air pur.

Quand, au contraire, le surveillant ne passe qu'une nuit sur un certain nombre, on peut se contenter de lui offrir un couchage tel quel, sans draps, et alors celui-ci n'a rien de recherché : ce peut être une manière de lit de camp protégé par un matelas qu'on range dans un placard pendant le jour, en le relevant, et qu'on abaisse pour la nuit.

Une nuit est vite passée. La question du bien-être et celle de la salubrité même perdent beaucoup de leur importance dans un laps de temps aussi court. Il n'en est plus ainsi lorsque l'écurie devient aussi l'habitation de l'homme. Alors les exigences se multiplient et s'étendent à raison des besoins.

Ce sujet a été étudié avec soin par M. Huzard, et nous empruntons à l'excellent *Traité des constructions rurales*, par M. Bouchard-Huzard, la notice suivante, à laquelle il n'y a vraiment rien à ajouter, car elle étend ses considérations à tous les logements quelconques occupés par les animaux domestiques.

« Il ne doit y avoir de lit à coucher, dit M. Huzard, ni dans les écuries, ni dans les étables, ni dans les bergeries, ni dans tout lieu où il y a un grand nombre d'animaux réunis pour y passer la nuit ; ce séjour est *malsain* pour la personne qui y couche.

« Nous avons vu, en parlant des ventouses d'aération, que l'air se viciait dans tous les lieux qui contenaient, renfermés pendant un certain temps, un grand nombre d'animaux.

« Pourquoi donc les personnes qui dorment la nuit dans ces lieux ne paraissent-elles pas plus mal portantes que les autres habitants des campagnes ?

« Pour répondre, divisons d'abord l'année en deux parties :
la belle saison et la mauvaise.

« Dans la belle saison, dans les beaux jours longs, l'air est
généralement sec; tous les lieux habités par les animaux sont
ouverts ; ces lieux restent ouverts en partie, même pendant les
nuits, et une aération continuelle s'y fait ; de plus, les animaux sont dehors une très-grande partie du jour, soit pour
chercher leur nourriture, soit pour faire leurs travaux. Enfin
l'air est sec, et il dessèche les murs et le sol des écuries, vacheries, etc. Quand l'homme vient reposer la nuit dans son lit, il
trouve un local où l'air n'étant pas altéré, où l'air ayant été
renouvelé, il peut reposer sans voir sa santé se détériorer.

« Mais dans la mauvaise saison il n'en est plus ainsi. Les
animaux ne trouvant plus de nourriture aux champs, les travaux étant moins pressants et les jours étant plus courts, les
animaux sont enfermés beaucoup plus longtemps ; l'air étant
plus froid, plus humide, les ouvertures, portes ou fenêtres,
sont tenues plus constamment fermées. L'air n'est plus aussi
pur, n'est plus aussi sain, à moins que, par un moyen quelconque, on ne le renouvelle constamment et suffisamment. S'il
n'en est pas ainsi, les animaux, comme l'homme, souffrent de
cette privation d'air pur. Mais, si l'homme ne s'aperçoit pas de
cette souffrance, est-ce à dire, pour cela, que la souffrance
n'existe pas? Demandez à ces bergers, à ces garçons d'écurie,
à ces vachers ou vachères, si, le matin, quand ils sortent au
dehors, l'air qu'ils respirent ne leur fait pas du bien, s'ils ne
l'aspirent pas avec un certain plaisir. — Vous-même, en hiver,
en sortant de votre chambre à coucher, si elle est petite et bien
close, ne sentez-vous pas, en passant seulement dans une autre
pièce, que votre respiration est plus à l'aise, qu'elle s'agran-
dit, qu'elle est plus agréable? La cause de cette sensation, où
se trouve-t-elle donc, sinon dans la cessation d'un malaise peu
intense, peu apparent, aussi léger que vous voudrez le supposer, mais qui n'en est pas moins un malaise, une souffrance?
Ce malaise est sans effet, sans nuisance pour la personne qui
couche dans une chambre qui a été bien aérée toute la journée,

qui a presque toujours une cheminée. — Mais, pour le vacher ou la vachère qui couche dans une étable fermée en hiver et garnie du nombre d'animaux que cette étable comporte, où bientôt l'air se charge de toutes les émanations sèches et humides des animaux, des émanations des fumiers, des murs qui, eux aussi, exhalent de la mauvaise odeur, cet air n'est plus sain ; il est nuisible à ceux qui le respirent, et il les rendrait promptement malades, s'il était respiré longtemps, s'il n'y avait l'interruption que le jour apporte et qui vient en partie corriger le mal que la nuit a fait, mais seulement en partie, je le répète. Si les investigations de la science pouvaient aller plus loin qu'elles n'ont pu aller jusqu'à présent, elles trouveraient d'une manière certaine, dans le séjour en hiver pendant la nuit, dans les lieux habités par les animaux, la cause de bien des maladies qui affectent certains habitants des campagnes ; on y trouverait la cause de ces écrouelles et de ces maladies du système lymphatique, si communes dans quelques localités. Mais ce que les investigations positives ne peuvent faire, les inductions logiques peuvent le prouver, et c'est ici le cas.

« Pour éviter le froid, dont les atteintes sont sensibles, on s'enferme dans les écuries, dans les vacheries, dans des bergeries dont les émanations empoisonnent l'air sans que nos sens s'en aperçoivent, pas plus qu'il ne sont impressionnés, en temps de contagion, par les effluves de la maladie contagieuse régnante.

« Jamais, à présent, il ne viendra à l'esprit d'un médecin instruit de faire coucher un malade dans une étable close et garnie de vaches, comme on l'a fait autrefois, dans le but de guérir certaines maladies. Ce médecin sait trop bien que l'air usé, privé de son gaz vivifiant par la respiration des animaux, ne peut qu'augmenter le mal au lieu de le guérir, il sait trop bien que les émanations animales aggraveraient encore ce sérieux inconvénient.

« En thèse générale, sauf des exceptions rares, on ne doit donc pas coucher et dormir, la nuit, dans les lieux où sont enfermés des animaux. »

b. Il est commode d'avoir sous la main une certaine quantité du grain dont la distribution se renouvelle plusieurs fois par jour aux divers habitants d'une écurie. C'est donc un peu la nécessité qui a suggéré la pensée de placer des coffres à avoine dans les écuries. Ils ont aussi quelques inconvénients, mais il serait aisé de les faire disparaître. Placés contre les murs, ils en prennent l'humidité qui passe au grain et l'altère, à moins qu'il n'y demeure que très-peu de temps.

On peut éloigner les effets de l'humidité en boisant la partie du mur contre laquelle se trouvent les coffres, en ne donnant à ceux-ci que la capacité voulue pour contenir les rations de cinq à six jours seulement, en les établissant sur des pieds de 45 centimètres, qui exhaussent le fond et l'empêchent aussi de recevoir l'humidité du sol. Il importe enfin de donner au fond une double inclinaison d'arrière en avant et de chaque côté vers la ligne du milieu, de façon à ce que le coffre se vide intégralement sans difficulté jusqu'au dernier grain, et sans qu'aucune partie de celui-ci, restant dans les angles, puisse y veillir, ou contracter diverses odeurs, ou un goût de moisi qui répugnent aux animaux, tout en leur offrant une nourriture qui a perdu de ses propriétés nutritives, de ses bonnes qualités.

Les coffres ainsi disposés présentent, dans la partie la plus déclive du fond et sur le devant, un guichet manœuvrant dans des coulisses en bois, et qui, lorsqu'il est ouvert, livre passage au contenu, lequel s'échappe par un petit canal légèrement incliné dans un vase quelconque, ainsi qu'on le voit en la figure 23.

6. Les grains et les fourrages de toutes sortes attirent dans les écuries, surtout lorsqu'elles sont établies dans de vieux bâtiments, des souris et des rats, hôtes incommodes qui souillent les fourrages tout en leur enlevant la partie la plus alimentaire. Les chats les houspillent bien quelque peu, mais ils ne parviennent pas à les détruire, et leur venir en aide est souvent une nécessité.

Les Anglais ont une manière de les prendre préférable à la nôtre, en ce qu'elle est plus efficace. Ce n'est pourtant qu'une souricière, mais celle-ci est faite de telle façon, que chaque animal attrapé retend le piége pour un autre.

Fig. 23. Coffre à avoine.

Ceci n'appelle pas une description minutieuse, facile à éviter d'ailleurs en montrant l'instrument lui-même, qui est représenté par la figure 24.

Fig. 24. Souricière perpétuelle.

Il faut le changer de place de temps à autre et le promener d'un coin à l'autre, tandis que les chevaux sont absents. Quand l'écurie est pleine, il se trouve admirablement sous le coffre à avoine.

7. Nous n'approuvons pas qu'on établisse dans les écuries des réservoirs d'eau en bois ou en pierre, ou même de simples robinets apportant l'eau nécessaire aux besoins du service. Trop d'humidité reste sur le sol ou en évaporation dans l'atmosphère

5.

intérieure. On peut y suppléer par des arrosages aux jours de l'année où la fraîcheur est utile ; mais les soins les mieux entendus ne réussissent pas à prévenir les inconvénients du trop d'humidité qui règne presque en tout temps dans le système que nous condamnons.

VI. LES SÉPARATIONS.

La vie en commun. — Il faut bien faire connaissance avec ses voisins. — Les animaux de grand prix. — La séparation des sexes. — Luxe et indigence.— Simple barre, bien ou mal posée.— Les sauterelles. — Le système des barres en Angleterre. — La barre garnie ; — la stalle volante, — et la stalle mobile. — Les stalles fixes. — Les modèles défectueux ; — un bon modèle.— Une erreur écartée,— Utilité. — Le nécessaire sans le superflu.— La ventilation et la surveillance dans les écuries en stalles. — Une étoile qui file.

On ne laisse pas toujours sans les séparer d'une manière ou d'autre les chevaux qui doivent habiter la même écurie. L'absence de séparation a pourtant ses avantages. Nous venons de le dire, les chevaux qui auront à se plier à toutes les exigences de la vie en commun, qui devront prendre leur nourriture au même râtelier, reposer sur la même couche pour ainsi dire, et travailler ensemble, se trouveront toujours bien de se connaître, de se familiariser les uns avec les autres. Ils n'y réussiront jamais aussi complétement que lorsqu'on n'établira aucune séparation quelconque entre eux. Nous approuvons donc qu'il en soit ainsi toutes les fois que cela se peut.

Les séparations ne deviennent utiles ou nécessaires que dans les écuries dont le personnel change souvent, ou dans celles qui reçoivent en même temps des chevaux entiers et des juments, ou des animaux de grand prix.

L'absence de séparations laisse plus de place aux bêtes et plus de liberté aux hommes chargés du service. L'installation d'un système quelconque a nécessairement un résultat contraire, et introduit des causes d'accidents qui n'existent pas dans les écuries libres, sans supprimer toujours efficacement celles qu'il aurait pour objet essentiel de prévenir.

En toutes choses, parmi celles qui nous occupent, nous voyons une grande variété. Dans ce fait s'accuse cette vérité que, peu satisfait d'un mode, on s'efforce d'en chercher un meilleur sans réussir complétement à le trouver. De là, cette diversité des moyens aux lieu et place de la perfection qu'on finit par rencontrer néanmoins.

1. *Le barrage.* Il y a donc, cela va de soi, divers modes de séparation usités pour isoler plus ou moins complétement les habitants d'une écurie.

Le plus simple consiste bonnement en une barre en bois, ronde ou arrondie, afin d'éviter les excoriations ou les blessures plus graves qu'occasionneraient certainement de vives arêtes. Le barrage est un moyen tant soit peu primitif d'abriter les chevaux contre leurs attaques respectives. Il n'est pas toujours efficace, et pourtant il peut encore avoir son utilité lorsqu'il est convenablement établi. Le premier point à observer est de laisser un espace suffisant à chaque cheval ; le second, de placer la barre à une élévation rationnelle. On l'accroche, d'une part, à la mangeoire ; elle est, d'autre part, suspendue au plafond au moyen d'une corde. C'est par cette extrémité qu'elle est mobile et que les chevaux la déplacent au moindre mouvement. La barre simple est quelquefois si mal établie, qu'elle devient plus nuisible qu'utile. La figure 20 la montre telle qu'on la voit le plus communément, noueuse, mal tournée et trop basse. Elle écorche et déchire, elle contusionne souvent. Elle est assez difficile à faire tomber quand un cheval, en ruant, se l'est mise entre les jambes.

Cet inconvénient fait naître la nécessité de la lier à la corde qui vient du plancher de manière à pouvoir l'en séparer avec beaucoup de promptitude, car peu de chevaux sont d'humeur à la conserver paisiblement entre leurs membres. C'est par les efforts qu'ils font pour se dépêtrer qu'ils se déchirent ou qu'ils se blessent.

Il y a plusieurs manières aussi d'unir la barre à la corde,

Les figures 25 et 26 en représentent l'un des systèmes les plus simples au repos, et la figure 27 au moment où la barre va tomber. Il suffit, pour cela, de relever l'anneau qui retient la sauterelle (petit crochet en bois, cannelé) contre la corde elle-même, comme il a suffi de l'abaisser sur le crochet pour suspendre la barre à la hauteur convenable. La barre porte un bout de corde ou de chaîne, qu'on raccourcit ou qu'on allonge par-dessous, en raison des besoins. A l'extrémité qui doit servir à la suspendre est un anneau assez large pour jouer librement sur la corde du plafond. Quand l'animal s'est mis à cheval sur une barre, il n'y a aucun effort à faire pour le dégager ; l'anneau dont nous avons déjà parlé est facilement poussé sur la corde, au-dessus du morceau de bois, qui, devenu libre, fait une prompte chute, pour pendre au bout de la corde qui le soutient, et la barre tombe instantanément.

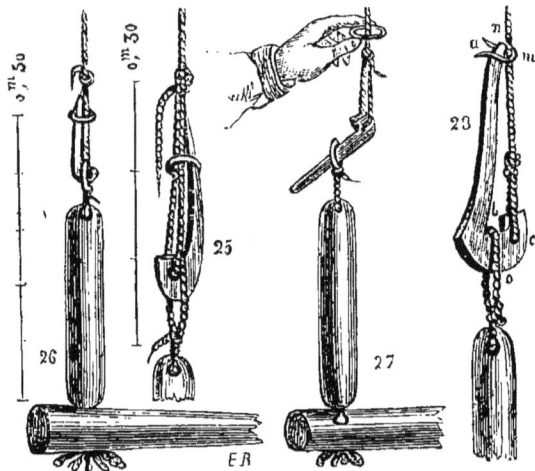

Fig. 25, 26, 27, 28. Les sauterelles.

Ce système a été perfectionné. Les cordes en chanvre ont été remplacées par des cordes en fil de fer, et la sauterelle en bois par un petit mécanisme, en fer aussi, fort ingénieux.

Mais ceci n'était pas le dernier mot du perfectionnement. On devait trouver mieux encore, puisque la main de l'homme était nécessaire pour débarrasser le cheval empêtré. Or des accidents étaient possibles en l'absence d'un palefrenier ou d'un gardien quelconque.

Le problème à résoudre était donc celui-ci : le cheval ayant la barre entre les jambes, faire en sorte qu'il pût se déprendre lui-même par le plus petit poids de son corps.

M. le vicomte A. du Bourblanc croit avoir trouvé la solution de la difficulté, et il décrit comme ci-après le système de sauterelle qu'il emploie, système aussi simple, dit-il, que facile à comprendre :

« J'ai une sauterelle (fig. 28) de 0m,30 de longueur de *n* à *o*, de 0m,06 de largeur de *b* à *d*, et de 0m,03 de *d* à *c*, et un anneau brisé *m*, ouvert au point *a*.

« On comprendra facilement que le cheval, pesant sur le point *b*, agira en quelque sorte comme un levier sur le point *c*, et fera écarter les deux branches de l'anneau au point *a*.

« La sauterelle, ainsi dégagée de l'anneau qui le maintient, fait bascule ; la barre tombe et le cheval se trouve ainsi dégagé de lui-même. »

L'important est que le jeu de l'anneau ne soit pas tellement facile, que le moindre mouvement imprimé à la barre suffise à son écartement et provoque sans nécessité la chute de la barre qui, dans tous les cas, doit être promptement relevée.

En avant, la barre est fixée au râtelier par un crochet qui s'engage dans un anneau. La seule attention à avoir, c'est que le crochet ait la pointe mousse et que les chevaux ne puissent en aucun cas s'y attraper.

Quant à l'élévation à laquelle on doit tenir les barres, la règle est celle-ci : par devant, elles doivent partager également l'avant-bras du cheval dans son milieu ; par derrière, elles seront élevées à 10 ou 12 centimètres environ au-dessus du jarret.

On amoindrit les inconvénients de la barre en l'entourant, dans le tiers de sa longueur, d'une couche plus ou moins épaisse de paille qu'on recouvre d'une tresse en paille également formant enveloppe. Il va de soi que ce rembourrage se pratique en arrière. On améliore encore le système en suspendant à la barre (fig. 21) un paillasson contre lequel les coups de pied viennent s'amortir ; les chevaux sont, de la sorte, beaucoup mieux protégés contre les tentatives qu'ils font pour s'atteindre lorsqu'une querelle va s'élever entre eux.

De ce système à la petite stalle volante dite bat-flancs il n'y a pas loin. Celle-ci n'est en quelque sorte qu'une planche substituée à la barre : on la fixe à la mangeoire et on la suspend au plafond de la même manière. En allant un peu plus loin dans le système, on arrive à la stalle mobile et articulée. On n'en retire pas assez d'avantages pour que nous nous y arrêtions. La stalle mobile complète n'est pas suspendue comme l'autre au plafond, mais à un pilier solidement implanté dans le sol.

D'autres modes sont encore indiqués et plus ou moins préconisés. Nous les trouvons trop dispendieux à établir et point assez avantageux dans la pratique pour les faire connaître. Repoussons d'une manière absolue tout ce qui est compliqué et sans utilité bien avérée.

Encore un mot pourtant sur un autre système d'attache des barres, fort employé par les Anglais, bien que nous le trouvions inférieur au nôtre.

Et d'abord, ils les posent invariablement à la même élévation, ce qui ne vaut rien, car les chevaux de petite ou de grande taille ne se trouvent pas bien d'être séparés par des barres trop hautes ou trop basses. Nous maintenons conséquemment la règle que nous venons d'établir. En second lieu, ils les suspendent aux deux extrémités par des bouts de chaîne en fer trop longs en avant, mais sutout trop courts en arrière ; il y a ainsi trop de jeu en avant, il n'y en a pas assez par derrière. L'animal est trop étroitement emprisonné entre ses barres, à moins qu'on ne lui laisse un espace très-large, plus large qu'on n'a l'habitude de le donner, au moins en France. Le principal mérite de cette sorte de séparation est de céder, par derrière, quand le cheval a besoin d'un peu plus de place que lorsqu'il se tient bien en face du râtelier. Dans le mode adopté en Angleterre, et représenté dans la figure 29, nous trouvons donc un peu trop de mobilité en avant. A l'autre extrémité, la barre est attachée à un poteau, de telle manière que lorsque le cheval se lève sous la barre il la détache complétement et n'en éprouve aucune gêne; mais elle retombe ensuite, et dans sa chute plus ou moins inattendue, elle peut mettre le désordre dans le rang et blesser les voisins. Le cheval qui a passé l'un de ses membres par-dessus la barre peut être instantanément dégagé comme chez nous et par une manœuvre analogue.

Fig. 29. Système de barre anglais.

La figure 30 donne une idée exacte du mécanisme. *a* est la barre, *b* une tige de fer adaptée au poteau à pivot mobile. Elle est maintenue droite par l'anneau *c* qui glisse sur le guide *d*. Lorsque la barre doit être détachée, on lève l'anneau, la tige *b* tourne et la barre s'échappe. La figure 29 indique de quelle manière la barre est dégagée lorsque le cheval est dessous.

2. *Les stalles.* — L'établissement des stalles est-il mieux entendu? Hélas ! non; on les fait généralement trop hautes et trop

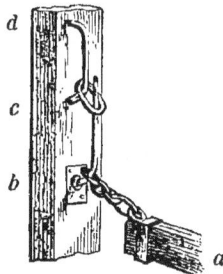

Fig. 30. Mode d'attache des barres.

courtes. Trop hautes, elles enterrent les chevaux, les empêchent de se voir et de s'habituer les uns aux autres, ce qui
exerce une mauvaise influence sur le caractère des animaux ;
trop courtes, elles ne protégent pas assez les chevaux qui peuvent encore, en se reculant, se frapper avec les pieds de derrière. Comme toutes choses donc, la construction raisonnée
des stalles a ses régles et ses proportions indiquées par l'expérience. En les résumant ici, nous offrirons un modèle, une
manière de type duquel nous conseillons de s'éloigner le moins
possible quand on aura résolu de loger ses chevaux dans des
stalles.

Un cheval de taille ordinaire se trouvera convenablement
établi dans une stalle mesurant les dimensions ci-après (fig. 31
et 32).

> Longueur EF. 5m,50
> Largeur OP. 1m,70
> Hauteur en avant, à la mangeoire QR. . . . 1m,20
> Hauteur en arrière, à la croupe TV. 1m,05

Dans les écuries disposées en stalles, on remplace quelquefois le râtelier et la mangeoire communs par une corbeille et
une auge complétement indépendantes, placées l'une et l'autre
dans l'axe de chaque stalle. C'est alors que devient presque
indispensable le système d'attache que nous avons le plus recommandé et qui a été décrit précédemment. Une seule longe
expose trop les animaux à s'enchevêtrer ; deux longes sont un
embarras, et d'ailleurs il faut les tenir trop courtes, ce qui
gêne beaucoup le cheval, car il ne doit pas pouvoir aller dans
la mangeoire de ses voisins. Le système de la barre en fer, et
mieux encore du madrier en chêne (fig. 21 et 22) offre ici de
très-réels avantages.

Les figures 31, 32 et 33 indiquent tous les détails utiles à la
bonne construction d'une stalle. Il serait superflu d'y rien
ajouter.

Il nous suffira aussi de dire que nous n'approuvons pas
le modèle de stalle dit à cou de cygne, que représente la fi-

gure 34. Elle est trop courte et trop haute. Elle ôte de l'air à
l'écurie, elle emprisonne trop le cheval, qu'il ne faut pas séquestrer autant de ses voisins. On a plus particulièrement
adopté ce modèle pour le logement des animaux que l'on consacre à la reproduction, sous le prétexte qu'ils sont d'humeur
plus difficile, d'un caractère plus hargneux. On ne s'est pas
aperçu que la séquestration plus ou moins complète est presque
la seule cause des vices de caractère, très-heureusement com-
battus, au contraire, par tous les moyens de fréquentation facile, par des rapports constants et aussi par l'habitude que
doivent prendre les animaux de se voir toujours sans contrainte.

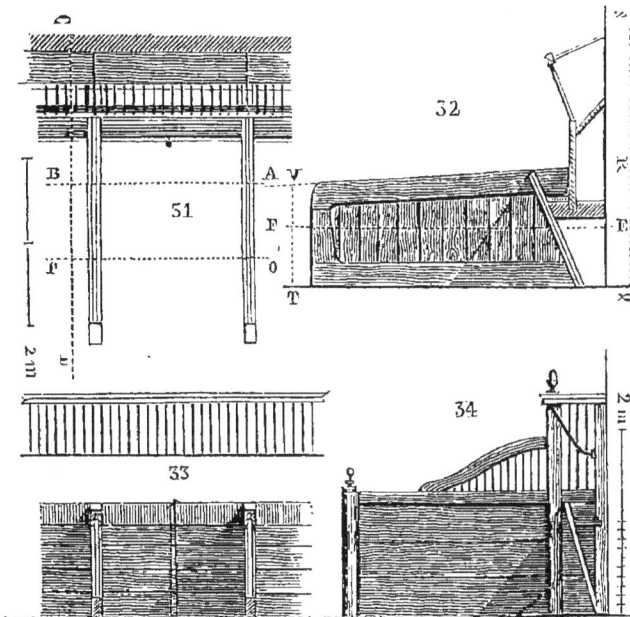

Fig. 31, 32, 33, 34. Les stalles.

Le système des stalles a été fort en vogue autrefois. Pendant
des sièles, on l'a considéré comme le *nec plus ultra* de l'habitation du cheval. On le réservait presque exclusivement pour
les chevaux de maîtres, et pour quelques maîtres chevaux qu'on
croyait devoir isoler des autres dans les écuries communes soit

à raison de leur prix plus élevé, soit à cause de leur spécialité
d'emploi et quelquefois aussi de leur nature querelleuse. Une
écurie en stalles offrait donc toute sorte de recherches et une
stalle, dans une écurie ordinaire, était comme la place d'honneur du lieu.

Nous ferons grâce au lecteur de la description de toutes les
ornementations, de tous les enjolivements inutiles ou incommodes et parfois nuisibles, ridicules et d'un goût douteux le
plus souvent, dont on décorait d'ordinaire les écuries en stalles.
Tout cela était fait au tour, ajoutait beaucoup au prix de revient des arrangements intérieurs, et attirait bien autrement
l'attention du propriétaire ou de l'architecte que les vastes proportions plus nécessaires encore lorsqu'on emprisonne ainsi
le cheval. On acquittait plus volontiers les grosses factures du
menuisier, du tourneur, du peintre, que les mémoires du ma-
çon, du charpentier et du couvreur. C'était au rebours du bon
sens, puisqu'on n'économisait sur les dernières qu'en mesurant trop parcimonieusement l'espace.

On n'est pas complétement revenu de tout cela ; l'ignorance
a été et sera de tous les temps, mais les idées rationnelles se
répandent et l'on commence à comprendre que plus largement
on use du cheval et plus il faut avoir soin de lui à tous égards.
On le nourrit mieux et on le loge déjà moins mal, en attendant
qu'on le loge tout à fait bien.

En soi, la stalle ne constitue pas un mode vicieux d'une manière absolue ; elle est bonne ou mauvaise au cheval, suivant
qu'elle est commodément établie ou défectueuse. Elle a quelques avantages ; elle offre aussi des inconvénients.

En dehors de ceux que nous avons déjà signalés se trouve
particulièrement la difficulté d'une aération bien complète.
L'air circule moins librement et moins facilement. Aussi dans
toutes les parties de l'aire d'une écurie divisée en stalles, surtout vers le dessous de la mangeoire, et plus spécialement encore dans les écuries à deux rangs, les chevaux ayant la tête au
mur, étant placés croupe à croupe, c'est alors que les barbacanes du sol deviennent une nécessité, mais elles ne peuvent

être ouvertes qu'en l'absence des chevaux. Dans aucune écurie
non plus, les ventilateurs n'ont autant d'utilité. Il serait oiseux
d'insister sur ce point. Ici, une surveillance de tous les moments
est indispensable. Le cheval qui se détache court plus de risque en vagabondant dans une écurie à stalles que dans une
écurie libre. Les chevaux ainsi séparés n'aiment pas qu'on les
dérange ; les visites inopportunes que leur fait capricieuse-
ment un camarade si peu ferré sur la discrétion, sont en général fort mal accueillies. Il peut en résulter de graves avaries,
s'il n'y a pas là quelqu'un tout prêt à mettre le holà au moindre bruit, au premier avertissement.

Enfin, le service est plus long et plus fatigant dans les écuries à stalles ; il exige par conséquent un plus grand nombre
d'hommes pour un même nombre d'animaux, et si larges qu'on
les fasse, ceux-ci n'y sont jamais complétement à l'aise.

Tout cela fait que le système a perdu beaucoup des avantages qu'on lui attribuait un peu bénévolement autrefois, et qu'on
le remplace, autant qu'on le peut aujourd'hui, par un autre
de beaucoup préférable, qui est fort usité pour les chevaux de
luxe en Angleterre. Il a d'ailleurs une destination spéciale ; il
convient mieux au logement des poulinières et des produits.
Nous lui consacrons le paragraphe suivant.

VII. LES BOXES.

Un mot nouveau pour une vieillerie. — Qu'est-ce qu'une box ? — Air
chaud et humide ; — son influence sur la croissance des poulains.
— Condition du cheval libre dans sa loge. — Le sol et le plafond
des boxes ; — leurs portes et fenêtres. — Auges et corbeilles. — Les
dispositions intérieures. — Combinaisons variées. — Les paddocks.
— Un mode d'ouverture d'une grande simplicité. — L'atelier et l'é-
curie du baudet. — L'élevage en commun. — Mangeoire et râtelier
circulaires et mobiles. — Objections. — La mariée est trop belle. —
A sotte demande point de réponse. — Cabane et palais. — Question
de budget. — Stalle et box. — La contrainte et la liberté. — Nous
concluons.

Les Anglais appliquent l'appellation de *boxes* à des loges de

certaines dimensions dans lesquelles chaque animal trouve une
habitation spacieuse, commode, isolée.

D'importation récente comme tant d'autres qui touchent à la
zootechnie générale, le mot *box* a passé dans notre langue, qui
se l'approprie peu à peu, en raison de sa signification spéciale,
technique.

En adoptant l'expression, il faut en déterminer l'orthographe.
On écrit *box* au singulier et *boxes* au pluriel. Ceux qui l'ont
introduite dans le langage de l'écurie lui ont attribué tantôt
un sexe, tantôt un autre. Sur ce point même, on ne sait encore
auquel entendre :

> Du langage français bizarre hermaphrodite,
> De quel genre te faire, équivoque maudite?

En ce qui nous concerne, nous n'éprouvons aucun embarras.
Par analogie nous lui donnerons le genre féminin. Box veut
dire boîte ; nous l'employons dans le sens de loge, ou de chambre, ou d'écurie : dans tout cela, pas un mâle, aucun motif
d'en faire un masculin, et puisque tout, en pareil cas, est une
affaire de convention, convenons une fois pour toutes du fait
et passons outre.

Comme l'écurie commune, la box peut être bien ou mal disposée. Les arrangements les moins commodes même ne lui
manquent pas. Les règles d'hygiène relatives à l'habitation de
nos animaux sont peu goûtées et bien délaissées. Le mot anglais importé dans notre langue a pu faire croire à beaucoup de
gens qu'une box était une nouveauté en France. C'est une vieillerie, au contraire, dans la plus mauvaise acception du terme.
On trouve des boxes partout, mais elles sont aussi mal entendues qu'on puisse se l'imaginer.

Cependant le mot seul devrait donner l'idée d'un logement
spacieux en surface, haut sous le plafond, bien éclairé, commode enfin par ses bonnes dispositions intérieures. Il n'en est
rien. Il est même très-rare de rencontrer une box convenablement établie.

Les boxes sont isolées ou réunies. Dans ce dernier cas, elles

ne sont que des compartiments formés dans un même vaisseau.
Le plus souvent, les boxes n'ont pas de communication directe
propre avec l'extérieur. Etablies dans le bâtiment, leur porte
s'ouvre sur un couloir commun, et ce dernier seul a son issue
au dehors.

Nous blâmons ce mode de construction. Il ne permet qu'une
aération très-insuffisante. Isolées ou réunies, les boxes doivent
toutes avoir leur porte ouverte sur la cour, leur communication directe avec le dehors. Quand on les réunit, les cloisons
qui les forment ne montent pas jusqu'au plafond, d'ordinaire
même, elles ne sont pleines que jusqu'à hauteur d'appui ; on les
fait à claire-voie au-dessus. Il est toujours facile, au moyen
d'une abondante litière, de maintenir dans ces boxes une chaleur suffisante, même dans les plus grands froids ; elles ne sont
jamais étouffantes en été, parce que l'air y circule avec autant
d'activité qu'il en est besoin, et l'on n'y sent jamais cette chaleur humide qui étiole les animaux lorsqu'on les loge dans des
boxes renfermées dans les intérieurs. Les poulains surtout
souffrent et se déforment sous l'influence prolongée d'une atmosphère ainsi composée ; ils poussent hâtivement en hauteur,
et prenant trop dans ce sens, ils restent toujours plats. C'est
ainsi qu'on fait, tout en ne ménageant rien souvent pour réussir, c'est ainsi qu'on fait, disons-nous, des chevaux décousus
dans leurs formes, hauts sur jambes et minces dans toutes les
régions du corps, qui ne sont bonnes et bien conformées qu'autant qu'elles sont épaisses et fournies. L'abondance et la qualité des nourritures choisies, sans une aération parfaitement
entendue, ne donnent jamais que des chevaux incomplets. Si
le froid nuit au développement des produits, le grand air les
trempe fortement, l'air vif et pur contribue puissamment à la
bonne répartition des forces vitales et maintient, pourrait-on
dire, l'équilibre entre toutes les parties. La croissance se produit très-capricieusement chez les jeunes sujets élevés dans des
écuries basses, peu aérées, dont l'atmosphère est trop chaude
et surtout humide. L'observation date de loin : on la caractérise
en constatant que le poulain grandit alternativement de ci de

là, tantôt par le devant, et tantôt par l'arrière. Dans de bonnes écuries, dans des boxes bien aérées, sous l'influence d'un air sec enfin, la croissance est beaucoup plus régulière et la conformation reste ensemble. Bien des mécomptes, dans l'élevage, n'ont point eu d'autre cause que celle-ci : une écurie mal aérée dans laquelle on entretenait comme à plaisir une atmosphère humide et chaude. Nous voudrions bien qu'à cet égard on fût convaincu autant que nous le sommes nous-même par expérience, et nous insistons à dessein. En effet, l'air pur c'est aussi le grand facteur de la forme ; il l'enveloppe de toutes parts, extérieurement et intérieurement, il la développe ou la contient dans une certaine mesure, il la moule en quelque sorte sur un type qui lui est propre, car sous ce rapport, aucun agent ne saurait le remplacer et ne le vaut.

En box, cela va de soi, le cheval jouit de toute sa liberté, et c'est là ce qui fait la supériorité de ce mode d'habitation sur tous les autres. On n'y attache les animaux que passagèrement et très-accidentellement. Le cheval de service s'y repose tout à son aise, il s'y délasse plus vite et plus complétement ; il se conserve mieux et dure plus longtemps que celui qui vit en stalle ou simplement attaché à la mangeoire. Il n'est pas besoin de faire ressortir les avantages de la box pour le logement des poulinières et des produits.

Le sol des boxes n'éprouve jamais autant de fatigue que celui des écuries où les chevaux sont comme immobilisés à la même place. On peut donc l'établir d'une manière moins solide. Il n'en sera alors que plus doux aux pieds et plus agréable aussi pour le couchage des animaux. Le plafond ne nécessite pas d'autre soin que celui des écuries ordinaires. Les fenêtres peuvent y être plus rares, mais elles doivent être disposées de la même manière ; les portes, enfin, auront un peu plus de largeur quand l'écurie devra être occupée par des poulinières. Nous aimerions ici la porte coupée dans son milieu, car on égaye beaucoup le local en tenant ouverte la partie supérieure aux bonnes heures de la journée. Les ventilateurs ne sont nécessaires que dans des boxes établies à l'intérieur et dans une écurie trop basse ; ils deviennent tout à fait inutiles dans les constructions bien entendues.

On remplace assez ordinairement dans les écuries en boxes le râtelier par la corbeille, et la mangeoire par une petite auge bien évasée par le fond. On les établit l'une au-dessus de l'autre (fig. 35) dans l'angle droit de la box qui se trouve le plus

Fig. 35. Auge et corbeille en fonte.

Fig. 36. Coupe d'une box ouverte à l'extérieur, et derrière, un couloir pour la distribution des aliments.

éloigné de la porte d'entrée. De la sorte, tous les animaux sont isolés pour les repas, tranquilles par conséquent, et on ne les aborde que par leur côté gauche. Quand les boxes doivent recevoir des poulinières, on accroche une seconde petite mangeoire dans l'angle gauche le plus rapproché de la porte (fig. 36), et l'on tient la mère attachée pendant que le produit mange de l'avoine ou tout autre aliment à sa convenance particulière.

On peut loger les jeunes poulains deux à deux dans les boxes ; une poulinière doit toujours y être seule, à moins qu'elle ne soit vide, auquel cas, si la place manque, on peut la réunir à une autre et les tenir également en liberté. Il faut alors que les boxes soient meublées d'un râtelier et d'une mangeoire comme dans les écuries ordinaires, afin de ne pas multiplier trop les corbeilles et les auges isolées.

On fait des écuries en boxes à un ou à deux rangs, et on les dispose comme les écuries à stalles, c'est-à-dire qu'on applique les loges contre les murs, de manière à ménager une rue dans le milieu du bâtiment, ou qu'on les adosse l'une à l'autre. Dans le premier arrangement, les boxes sont intérieures, et le service s'y fait par le couloir sur lequel s'ouvrent toutes les portes. On sait déjà que nous n'approuvons pas ce mode de construction. Dans l'autre manière, il n'y a aucune communication entre les deux rangs de boxes, et chacune a son ouverture à l'extérieur. Les deux figures 37 et 38 offrent le plan de l'une et l'autre disposition. La dernière soulève une objection. Le service y est un peu plus difficile et peut-être un peu plus long que dans la première ; mais, que pèse un pareil inconvénient, lorsqu'on le met en présence des mauvais résultats que donne toujours, que donne certainement une aération insuffisante ? Au surplus, les deux modes peuvent être avantageusement combinés. Il suffit pour cela d'établir, entre les deux rangs de boxes ou derrière leur unique rangée, si l'écurie est simple, un couloir communiquant avec le grenier à fourrages et par lequel tous les aliments peuvent être distribués. En organisant ainsi le service à l'intérieur, on dérange beaucoup moins les animaux, et les rations sont réparties avec autant de facilité

que de promptitude. Cette sorte de couloir est élevé de 1 mètre
environ au-dessus du sol. Les fourrages se jettent sans peine
et sans effort dans les râteliers ou les corbeilles, et l'avoine
tombe dans les auges par une manière d'entonnoir pratiqué
dans le mur. Il va sans dire que le petit entonnoir est fermé,

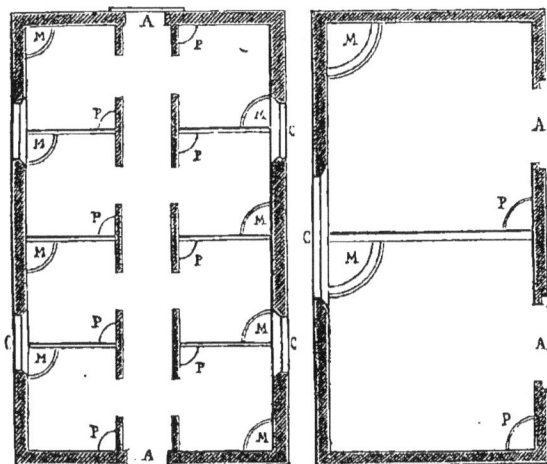

Fig. 37 et 38. Plan d'une écurie en boxes intérieures ;
— Plan d'une écurie en boxes avec communication extérieure directe.

afin que l'air ne puisse y établir de courant nuisible aux yeux
pendant que les animaux mangent. La figure 36 montre la coupe
d'une écurie construite d'après ce plan.

Fig. 39. Vue perspective d'écurie à un rang de boxes ouvert sur des cours
ou paddocks.

Quand on veut ajouter au confortable de la box, on la fait

6

ouvrir sur une petite cour ou *paddock*, comme disent les Anglais. Une cour suffit pour deux boxes (fig. 39).

On peut donner aux paddocks plus ou moins d'étendue. Il n'en faut pas donner assez néanmoins pour que les animaux puissent les parcourir en prenant trop d'élan. Arrivant trop vite au terme de la course, ils sont obligés de s'arrêter brusquement sur les barrières, et, dans les arrêts subits, les articulations sont en général trop rudement éprouvées, on atténue beaucoup ces inconvénients en donnant au paddock une forme ronde. En s'y exerçant circulairement, les jeunes animaux tournent sur eux-mêmes et s'assouplissent toutes les parties du corps. Plus tard, leur dressage en est singulièrement facilité. Nous ne saurions donc trop recommander la forme circulaire, par laquelle beaucoup d'accidents et même des tares peuvent être évités, et par laquelle aussi la souplesse des régions, entretenue et développée, rend moins pénible et moins chanceux le dressage des jeunes chevaux qui ont de la distinction et ce qu'on appelle du sang.

Les figures 40 et 41 indiquent deux systèmes différents pour l'ouverture et la fermeture des paddocks. Celui de la figure 40 est plus simple ; l'autre est plus cher, mais plus expéditif. Le premier s'ouvre et se ferme au moyen de barres qui glissent dans des mortaises ; le second par une porte à pentures et se fixant avec un loquet en bois logé dans l'épaisseur même de la barre du milieu ; il est représenté par la figure 42. Il n'oppose au doigt aucune résistance et glisse avec beaucoup de facilité en avant et en arrière, lorsqu'il s'agit de fermer ou d'ouvrir la porte du paddock.

Nous venons d'établir des conditions de logement bien différentes de celles dans lesquelles on tient en général les animaux, même dans les contrées où la production et l'élève du cheval sont une spéculation importante. Toujours chanceuse, cette industrie n'a pas progressé en raison des avantages que lui apporteraient des soins de détail bien entendus. Son attention est trop exclusivement arrêtée sur le choix de l'étalon. Ce choix fait, il semble que le reste doive aller tout seul et ne mérite aucun intérêt. Il y aurait pourtant gros à gagner pour celui qui ne resterait pas complétement sourd aux recommandations d'une bonne hygiène.

Fig. 40 et 41. Barrières pour l'établissement des paddocks.

Il faut adresser le même reproche à la manière dont on loge l'âne-étalon, le baudet, animal cher par le haut prix qu'il faut mettre à son acquisition, animal précieux par la spécialité de ses aptitudes et par l'importance de l'industrie mulassière, heureux privilége du Poitou, monopole envié par le monde entier à cette province, ainsi qu'on l'a dit avec raison.

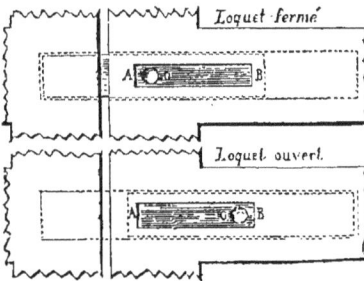

Fig. 42. Loquet en bois pour la fermeture des paddocks.

Le baudet du Poitou, cette richesse nationale que, par antithèse sans doute, on nomme dans le pays *guenilloux*, lorsqu'il montre au plus haut degré les avantages extérieurs de sa race, le baudet du Poitou vit en box, mais quelle box ! Ecoutons sur ce point un homme qui sait bien comment les choses se passent par là.

« ... De chaque côté de l'atelier, dit M. Ayrault, se trouvent les loges où sont renfermés les baudets.

« La loge est un parallélogramme entouré de planches. Elle a 3 mètres de longueur sur 2 mètres de largeur. La mangeoire et le râtelier sont placés en face de la porte. La cloison dans laquelle est pratiquée la porte ne va pas jusqu'au plancher supérieur. C'est par cette ouverture qu'arrive l'air. Quant à la lumière, elle n'y pénètre que lorsque la porte de l'atelier est ouverte, puisqu'il n'existe pas de croisées donnant à l'extérieur. »

Les suites nécessaires du séjour dans une habitation aussi peu salubre sont déplorables.

« Tous les baudets, presque sans exception, continue M. Ayrault, à l'âge de cinq ans, sont entachés d'une maladie cutanée qu'il est difficile de définir à son origine et qui se termine toujours, dans l'âge avancé, par une sorte d'éléphantiasis.

. . . .

« La cause génératrice de cette affection réside dans le défaut de soins hygiéniques. La raison physiologique n'admettra jamais qu'un animal d'une certaine force, dont les appareils de la vie animale et de la vie organique sont aussi développés que ceux du cheval, puisse vivre dans des conditions aussi opposées à l'état de nature, sans que sa santé en soit altérée. Ainsi ils sont cloîtrés dans des cellules qui ne reçoivent l'air qu'après qu'il s'est tamisé dans le bâtiment dont elles forment un compartiment ; ils ont pour toute lumière la pénombre des quelques rayons solaires qui pénètrent par la porte rarement ouverte de l'atelier. Les exhalaisons du fumier, la poussière, les malpropretés de toute sorte, qui encombrent la peau jusqu'à la chute des poils, ne sont-ce pas là les causes vraies, uniques, primordiales de cette hideuse lèpre ? Il suffit de poser la question pour la résoudre. »

Beaucoup de poulinières et de poulains ne sont pas plus sainement logés que le baudet du Poitou : n'est-il pas bien dési-

rable que l'attention des propriétaires et des fermiers se fixe
à la fin sur un point aussi essentiel ?

En quelques localités, à partir du sevrage, les poulains sont
abrités pêle-mêle dans des bâtiments plus ou moins longs et
étroits, qui méritent à peine le nom d'écurie, et dans lesquels
on les laisse libres, non attachés, voulions-nous dire. Ce mode
n'est pas exempt de tout inconvénient, et chacun peut aisément
les énumérer. Dans ce système, nous aimerions qu'on ne laissât
pas trop d'étendue en longueur. Mieux vaudrait diviser l'intérieur en deux compartiments et séparer les sexes. Puis, au
lieu d'un râtelier et d'une mangeoire appliqués tant bien que
mal contre l'un des murs, nous recommanderions une mangeoire ronde, surmontée d'une corbeille ronde également, le
tout posé verticalement sur un essieu solidement planté au
milieu du local. Une vieille roue (fig. 43), portant une mangeoire

Fig. 43. Mangeoire et râtelier circulaires posés sur la fusée d'un essieu.

à compartiments, serait placée horizontalement sur la fusée
libre de l'essieu fiché en terre. L'avantage de ce meuble ressort
de lui-même : la roue formant centre, tous les animaux viennent
prendre place autour. Si les têtes sont rapprochées, les croupes
sont espacées et les coups de pied lancés par les plus gloutons

6.

ou les plus taquins frappent dans le vide, au lieu de tomber
sur des parties vivantes et d'occasionner blessures sur blessures. Par ailleurs, quand la mangeoire et le râtelier ne ren-
ferment rien, quand les animaux, attendant l'heure du repas ou
de la sortie, se livrent à leurs ébats, quand ils courent, vont,
viennent, se poursuivent ou se donnent la chasse, s'ils heurtent
la mangeoire au passage, celle-ci cède au mouvement qui lui a
été imprimé, tourne sur son essieu et ne cause aucun mal aux
poulains.

Nous avons expérimenté avec succès ce râtelier-mangeoire
dans la prairie, lorsque la direction du haras du Pin était en
nos mains. On y portait l'avoine de midi aux pouliches, en au-
tomne et au printemps, dans la saison où la sortie ne peut
avoir lieu trop matin, où la rentrée en box ne peut avoir lieu
trop tard, et où il est convenable, par conséquent, de laisser les
bêtes dehors pendant les meilleures heures du jour.

Ceci nous a un peu écarté de notre sujet, nous y revenons
pour le compléter, pour réfuter de singulières objections qui
se sont produites et qui vont se répétant sans examen d'auteur
en auteur. C'est si commode d'emprunter aux autres une opinion toute faite sur un point qu'on ignore et qu'on ne veut pas
prendre la peine d'étudier.

On va donc disant :

1° Les boxes occupent trop d'espace ;

2° Elles sont de construction dispendieuse ;

3° Elles tiennent les animaux trop isolés et ne les familiarisent assez ni entre eux, ni avec l'homme.

1° Elles occupent trop d'espace ! On est tellement habitué
à donner le moins de place possible au cheval, qu'on ne se demande même pas quelle surface est nécessaire à ses besoins ;
on la lui mesure aussi étroite qu'on peut et tout est dit. Il faut
bien qu'il s'en contente. Il ne réclame pas, le pauvre animal, mais
nous avons vu ce qu'il devient dans une habitation insuffisante ;
il s'y use un tiers plus vite qu'en box sans y demeurer, pendant une carrière beaucoup plus courte, aussi apte à remplir
le service qu'on exige de lui. Voilà pour le cheval de travail.

La poulinière est-elle à l'aise, est-elle rationnellement logée dans une écurie commune ? est-elle heureuse dans le rang ou dans une stalle ? Cette question ne saurait même être posée. Elle nous rapelle un dicton vulgaire, mais qui trouve ici une juste application : A sotte demande point de réponse.

Et les poulains, sont-ils en sûreté ailleurs que dans une boîte ? peuvent-ils se développer dans un coin si étroit, qu'ils n'osent quitter le corps protecteur de la mère ? Peut-on songer à les attacher, eux aussi, devant un râtelier ? ce serait absurde, et pourtant la chose vient toujours prématurément dans l'intérêt même de l'élevage.

Cessons de dire que la box emporte une trop grande place et tâchons de donner au cheval, à ses différents âges, dans les diverses conditions de son existence, toute la surface qui lui est nécessaire pour répondre aux exigences variées de sa destination.

Du reste, le grand avantage de la box, c'est moins encore la liberté que l'absence de toute contrainte ; c'est moins l'espace que la facilité pleine et entière, pour l'animal, de se tourner comme il l'entend, de prendre toutes les attitudes qui lui conviennent et de n'être gêné par aucun autre lorsqu'il veut se reposer.

Telles sont l'utilité et les fonctions de la box. Ses dimensions varient ; on peut les limiter ou les étendre. Grande, la box est en quelque sorte la perfection ; mais, même contenue, elle est bonne et doit être préférée à toute autre habitation quelconque. Voici, du reste, les différentes proportions qu'elle comporte :

$$3^m \times 4^m = 12 \text{ mètres carrés.}$$
$$3^m \times 5^m = 15 \quad —$$
$$4^m \times 4^m = 16 \quad —$$
$$4^m \times 5^m = 20 \quad —$$
$$4^m \times 6^m = 24 \quad —$$
$$5^m \times 5^m = 25 \quad —$$

2° Les boxes sont de construction dispendieuse ! Ceux qui le disent n'en ont jamais fait construire. Depuis la cabane la

plus rustique, dont la durée se prolongerait, jusqu'au bâtiment solide, fait à chaux et à sable pour des siècles, ce qui
n'est vraiment pas nécessaire, la box coûte moins à établir que
l'écurie ordinaire, par la raison qu'elle reste nue ou à peu
près, qu'elle ne demande aucun frais d'ameublement, aucune
disposition intérieure. Il n'est pas jusqu'à la tenue des animaux, qui ne se trouve extrêmement simplifiée. Parmi ceux
qu'on met en box, la plupart n'exigent et ne reçoivent d'autres
soins que ceux relatifs à la distribution des aliments. Les poulinières sont particulièrement dans ce cas, les poulinières et
les étalons, moins la saison de la serte pour ces derniers. Les
conditions du cheval qui travaille et du poulain dont l'éducation est à faire sont autres, mais indépendantes du logement,
si ce n'est sous le rapport de l'aisance et du bien-être beaucoup plus complets et mieux assurés dans la box que dans aucune autre habitation.

Revenons à la question de budget. Presque nulle pour l'élévation des petites boxes temporaires qu'on élève dans les prairies ou dans un enclos en destination du logement des juments
vouées exclusivement à la reproduction ou du premier élevage
des produits, la dépense grandit avec les exigences. Prenant
une moyenne, nous trouvons qu'on la porte, en Angleterre, à
30 livres (600 francs) par cheval. Avec cette somme on n'édifie-
rait pas des écuries de fantaisie, et l'on ne satisferait pas
les propriétaires que leurs goûts porteraient vers le style
des salons, mais on réunit toutes les bonnes conditions du logement. En France, nous en avons construit de très-confortables à moins. L'espace ne doit entrer en ligne de compte que
dans les grandes villes, que là où le terrain se vend au prix du
diamant ; nous n'avons jamais établi de boxes dans les riches
quartiers de Londres ou de Paris. Ici, les millionnaires n'ont
pas plus de misère que le commun des martyrs sur les divers
points où le hasard et les circonstances les disséminent.

3° Les boxes tiennent les animaux trop isolés ! Ceci est autre
chose. Le cheval n'est pas plus isolé dans une box que dans une
stalle, et la box donne plus facilement que la stalle le moyen

de le laisser seul. Nous avons vu qu'on peut donner aux écuries en boxes les mêmes dispositions qu'aux écuries ordinaires. On les isole ou bien on les groupe à sa guise, suivant les circonstances ou les besoins. Les séparations pleines dans le bas, à claire-voie au-dessus, mettent tous les animaux d'une même écurie en rapport suffisant ; elles les constituent en société et les familiarisent si bien les uns avec les autres, que, se retrouvant ensuite complétement libres dans la même prairie, on n'y voit naître ni querelle ni accident.

Quant à la fréquentation de l'homme, elle est bien plus immédiate et plus aisée ; il n'y a pas de chevaux plus faciles à manier et de caractère plus doux que ceux qui ont été élevés en box. La box n'a d'autre influence ici que celle de la liberté relative dont elle laisse le complet usage aux animaux. Ces derniers sont un peu comme nous-mêmes ; ils se contentent plus d'un semblant de liberté que d'une contrainte par trop étroite.

Ne calomnions pas la box. Elle a une très-haute utilité ; elle rendrait d'immenses services à l'industrie chevaline si, bien avisée, celle-ci l'adoptait universellement.

VIII. ÉTABLISSEMENTS SPÉCIAUX.

Petit programme. — La jumenterie. — Un bon spécimen. — Ensemble et détails. — La poulinerie. — Une rotonde. — Dispositions spéciales. — Hippodrome et manége. — Plus d'épaules chevillées. — Les bons pieds. — L'écurie d'entraînement. — Il ne faut pas disputer des goûts. — Isolement et compagnie. — Les températures extrêmes. — Les mouches. — Les idées anglaises ; — fâcheuses conséquences. — L'écurie des hunters. — Les bons principes et les mauvaises applications. — Un plan défectueux ; — un arrangement préférable. — La sellerie. — Le nécessaire et le superflu. — Dispositions modestes et coquetterie raffinée.

Nous n'avons plus à parler maintenant que de quelques établissements dont la destination spéciale comporte des dispositions particulières d'ensemble et de détail. Sont dans ce cas les jumentries d'une certaine importance, les écuries d'élevage ;

celles d'entraînement, celles des chevaux de chasse ; puis, comme dépendance nécessaire, la sellerie. Le reste rentre dans tout ce que nous avons dit jusqu'à présent, mêmes les vastes écuries du département de la guerre.

1. *La jumenterie.*

Ce mot n'a point encore reçu de l'Académie ses grandes lettres de naturalisation. Un peu insouciante du fait, la pratique l'a partout admis comme un terme très-propre à désigner une collection de poulinières habitant le même lieu et, par extension, leur habitation même, soit la forme de bâtiment la mieux appropriée à semblable usage, y compris la période de l'élevage, la vie du poulain qui s'arrête au sevrage.

Il s'agit surtout, on le voit, de la tenue de poulinières d'élite et d'établissements un peu grandioses, car les races de trait et les juments isolées rencontrent toutes les conditions de réussite assurée dans leur séjour habituel ou passager dans les boxes, lesquelles deviennent alors indispensables. A côté des écuries communes occupées par des femelles dont on attend des poulains, il faut donc de toute nécessité avoir quelques boxes pour l'époque de la mise bas et les premiers temps de la naissance.

Les détails techniques de la disposition à donner aux boxes des jumenteries de quelque importance ne diffèrent en rien de ceux que nous avons précédemment présentés ; nous n'y reviendrons pas et nous nous bornerons à offrir comme modèle, comme simple spécimen si l'on veut, le plan et l'élévation perspective d'une jumenterie que nous construisions au haras de Pompadour, lorsque la direction générale des haras était en nos mains. Nous étions notre propre architecte ; nous n'avions un homme de l'art que pour l'exécution de nos idées.

La jumenterie dont il est question était de forme octogonale. Elle était située aux Monts, vaste domaine qu'elle partageait en deux parties d'égale contenance à peu près, l'une mise à ces fins en prairie permanente, l'autre en culture spécialisée, de-

ant surtout fournir des fourrages verts, des carottes, de
l'avoine, de l'orge.

Chaque écurie (fig. 44 et 45) comporte seize boxes, en tout
rente-deux places.

Attachant un palefrenier à huit poulinières, le service se
rouvait complet pour quatre hommes et un palefrenier chef,
ui surveillait à la fois la jumenterie et les travaux des champs.
elui-ci avait donc en même temps sous ses ordres immédiats
e personnel des cultures.

A chacun des angles des deux bâtiments, il y a une pièce
our les porte-manteaux, les ustensiles d'écurie, les gardiens
u palefreniers de garde, et les rares objets de sellerie à l'usage
es poulinières, quelques couvertures, surfaix, licols, etc. ;
nfin les escaliers du grenier règnent au-dessus des boxes.

Séparés en fenils et en chambres à grains, ces greniers com-
uniquent par des trappes avec le corridor de service par
equel peut se faire, sans aucun dérangement pour les animaux,
distribution des repas. Extérieurement, il y a un paddock,
u cour d'hiver, pour deux boxes, et au delà, la prairie, di-
isée en compartiments pour la saison d'herbagement.

La maison d'habitation est occupée par le personnel. De son
ogement, placé au milieu, le palefrenier chef voit tout sans se
éplacer.

Dans les deux pavillons d'entrée sont installés, d'un côté, le
ogement du garde assermenté de la propriété, dont la femme
st concierge ; de l'autre, le bureau d'administration.

La cour, égayée par un jet d'eau entouré d'une auge circu-
aire à laquelle viennent s'abreuver les bêtes par le beau
emps, est close de toutes parts. A droite et à gauche de la
aison sont des barrières mobiles donnant accès sur les fosses
fumier et sur les chemins servant à l'exploitation des terres
n culture.

Tout est combiné en vue de la simplification du service, dont
ucune exigence n'a été oubliée.

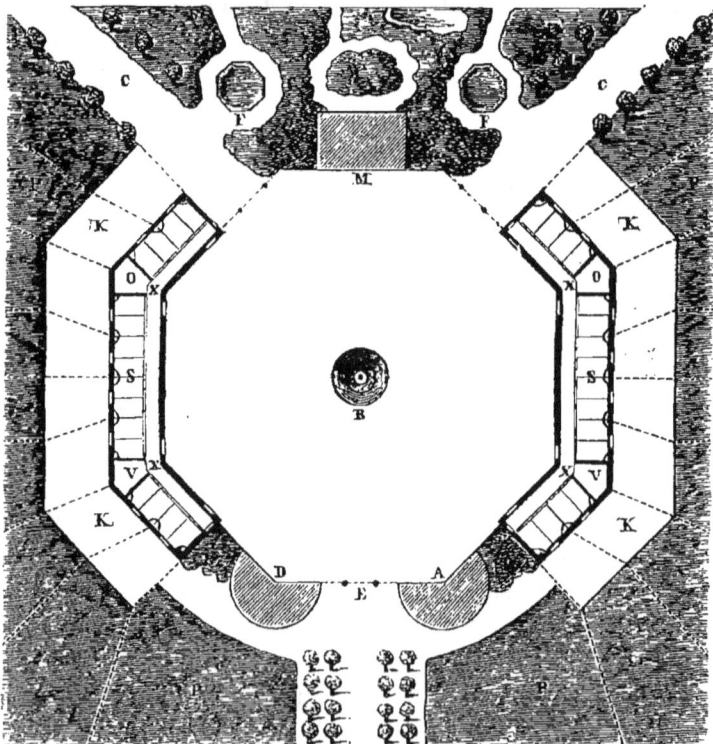

Fig. 44. Élévation perspective d'une jumenterie modèle.
Fig. 45. Plan d'établissement octogonal pour trente-deux poulinières.

2. La poulinerie.

Un établissement du genre du précédent ne saurait se passer d'une écurie spéciale pour les poulains. Ce mot n'exprimant pas le fait de l'élevage dans son ensemble, on pourrait adopter celui de *poulinerie*, qui désignerait tout à la fois les bâtiments, les cours, les pacages destinés au sevrage et à la seconde période de l'élevage des poulains, comme on dit *jumenterie*, avec approbation tacite ou non de l'Académie, lorsqu'il s'agit des mères et de leurs nourrissons.

Quoi qu'il en soit, la construction de la jumenterie des Monts, appelant une extension de l'élevage au haras de Pompadour, nous avions le projet d'élever à Romblac, autre domaine dépendant du haras, une écurie pour les poulains. Nous en présentons le plan et l'élévation perspective dans les figures 46 et 47.

Ici, le bâtiment est en rotonde ; il contient vingt-quatre boxes. Il avait pour destination de recevoir les poulains de six mois à trois ans, c'est-à-dire de l'époque du sevrage à celle du second entraînement.

Couverte par un vitrage, la cour intérieure forme un beau manége circulaire, utile pour les plus mauvais jours de l'hiver et pour les premières leçons du dressage.

Comme dans la jumenterie, un fenil et des chambres à grains surmontent les boxes et communiquent, au moyen de trappes fort bien ajustées, avec un couloir circulaire par lequel se font toutes les distributions d'aliments. Dans des écuries aussi spacieuses relativement au nombre des habitants, aussi spacieuses et aussi bien aérées, les trappes, d'ailleurs bien fermées, n'offrent aucun inconvénient pour les fourrages placés au-dessus. Les boxes sont plafonnées et les greniers planchéiés avec soin.

Les portes intérieures, celles qui s'ouvrent sur le manége couvert, sont d'un seul battant et pleines, elles glissent sur des rails et restent, conséquemment, appliquées contre les murs lorsqu'elles fonctionnent.

7

BOURDELIN

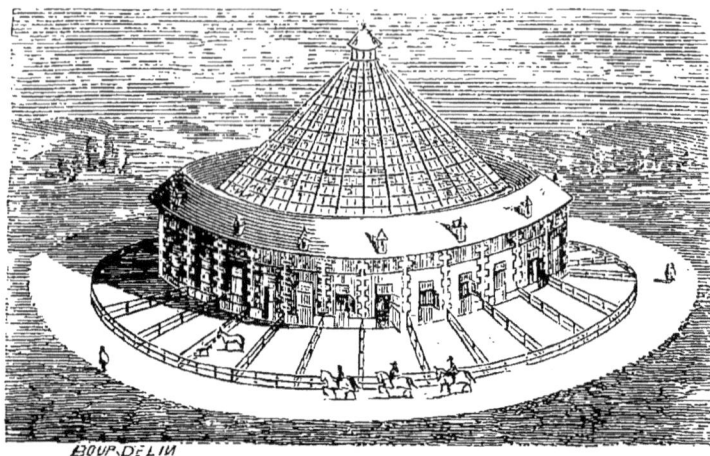

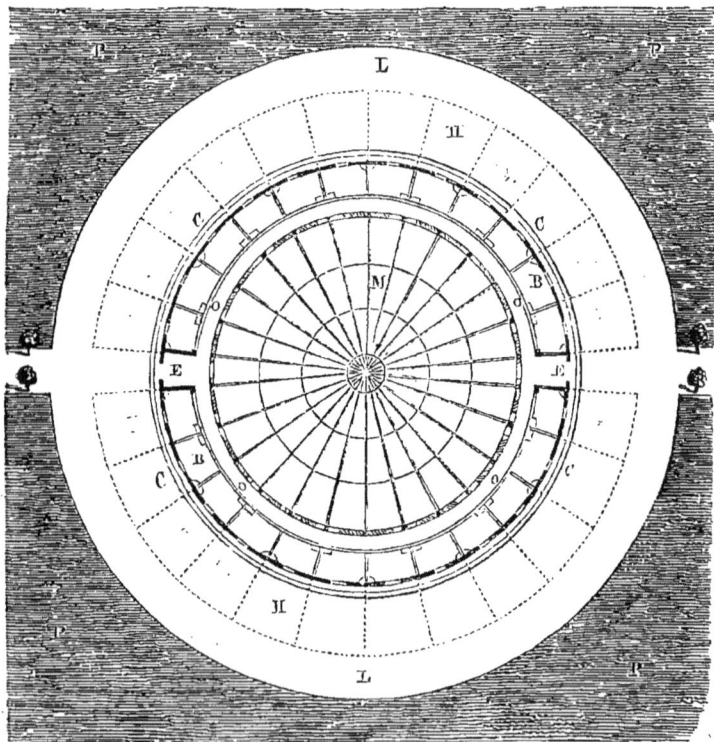

Fig. 46. Élévation perspective d'une poulinerie en rotonde.
Fig. 47. Le même établissement en plan.

Les portes extérieures ouvrent sur des paddocks fermés circulairement et au-delà desquels, dans la prairie même, se trouve un hippodrome tracé en rond également, puis la prairie dans laquelle les plus jeunes doivent s'ébattre pendant la première année de leur séjour dans cette succursale.

Entre les boxes et les paddocks, un petit chemin de fer pour l'enlèvement des fumiers, dont la fosse est un peu écartée...

La prairie étant sur un sol argilo-siliceux, l'hippodrome eût été drainé ainsi que le sous-sol du manége, des boxes et des paddocks.

Ainsi organisé, établi au point culminant du domaine, ce bâtiment eût eu l'air de sortir d'une immense touffe d'herbes, d'excellentes graminées.

Indépendamment des vingt-quatre boxes, il y a deux pièces pour l'homme de garde, pour les ustensiles d'écurie, pour la sellerie, pour l'escalier conduisant au grenier, pour l'entrée et la sortie des allants et venants. Les visiteurs, introduits dans le couloir, voient les animaux sans les déranger, que ceux-ci occupent les boxes ou qu'ils soient au manége, en pleine liberté ou aux mains du dresseur.

L'habitation des palefreniers et des grooms, les meules à paille, les fosses à fumier sont, non loin de là, sur le côté. Auprès de la petite caserne, de laquelle on découvre toute la prairie et la route qui aboutit au domaine, se trouve une fontaine qui ne tarit pas et qui fournit à tous les besoins.

A dix-huit mois, les premières leçons de dressage, très-simplifiées et très-courtes, se donnent au manége; plus tard, à deux ans et demi, des exercices plus suivis, soigneusement mesurés à l'âge et proportionnés aux forces des élèves, se prennent dans l'hippodrome.

Le service est fait par des enfants, par des élèves jockeys, par des grooms enfin, placés sous la direction d'un chef intelligent.

A trois ans, les poulains passent de cette école primaire à l'écurie d'entraînement, dont nous dirons aussi quelques mots.

La forme ronde, adoptée ici, a l'avantage de faire travailler naturellement les épaules et les hanches, et de leur donner une très-grande liberté de jeu. Avec ce système, on ne connaît plus de mauvaises épaules, d'épaules froides. Le mouvement circulaire favorise le plus complet développement des masses charnues des régions supérieures des membres, de celles qui donnent au cheval l'activité, l'extension et la durée des actions.

Nous ne connaissons pas de meilleures dispositions d'écuries que celles dont nous venons de parler pour le dressage et la première préparation du poulain de course. Il lui faut plus d'air, plus de lumière et d'espace qu'à un cheval fait, qu'à ce que les entraîneurs nomment un vieux cheval. Les Anglais disent : « Non-seulement il faut pour chaque poulain une vaste box, mais encore une cour ou petit paddock, où ils puissent prendre naturellement en détail l'exercice que l'on ne peut pas leur donner artificiellement à assez forte dose pour maintenir leur santé, leur énergie. En général, le dressage commence pendant la saison d'été, et il n'y a aucun danger à laisser le poulain dehors, en liberté, aux heures qui ne sont pas employées aux leçons de l'écuyer. Il est donc nécessaire d'avoir une suite de boxes bien aérées, de grandes dimensions, et communiquant les unes avec les autres par des séparations pleines dans le bas et à claire-voie dans le haut. Elles doivent être aérées autant que possible, et le meilleur sol à leur donner est le tan, attendu que cette substance fatigue moins les pieds que toute autre. Le paddock offrira un gazon aussi doux que possible. »

Toutes les parties de ce programme ont été soigneusement remplies, moins la recommandation relative au sol de l'écurie. Nous ne pensons pas qu'on doive ainsi déshabituer l'ongle du cheval de fouler un sol convenablement affermi. Donnons de bons soins au pied et maintenons par eux sa bonne conformation, mais n'ôtons rien à la corne du sabot de la solidité, de la résistance qu'elle doit avoir pour suffire aux rudes travaux qui sont proches.

3. L'écurie d'entraînement.

Celle-ci diffère peu de la box du poulain. On lui donne moins d'espace, on la tient plus chaude et surtout plus sombre.

Il est des chevaux qui se trouvent bien d'être complétement isolés ; d'autres, au contraire, qui aiment la compagnie et qui l'utilisent en mangeant mieux, en mangeant plus. Or, il est important que le cheval soumis à la discipline sévère du *training* consomme toute la quantité d'avoine que ses organes peuvent digérer avec profit. Le petit mangeur ne réussit pas mieux en traîne qu'à l'engraissement. L'animal à l'engrais augmente en poids proportionnellement à ce qu'il consomme ; le cheval en entraînement gagne des forces, de l'énergie, de la puissance proportionnellement à la quantité de grains qu'il utilise.

La règle est la même, comme le résultat est le même.

Pour convenablement loger le cheval de course, il faut donc connaître ses goûts et s'y conformer. Les poulains élevés dans des boxes à claire-voie se plairont sans doute mieux en la société de quelqu'autre ; ceux qui ont passé dans l'isolement leur première jeunesse peuvent préférer le système cellulaire, la continuation de la solitude à laquelle ils sont accoutumés.

L'isolement et la réunion ont, suivant les cas, des avantages et des inconvénients. Le cheval de course est essentiellement voyageur ; il va par tous pays tenter la fortune qui lui est offerte et, chemin faisant, il doit être souvent troublé dans ses habitudes. Ceci signifierait au moins qu'il faut lui en laisser contracter le moins possible. Cependant, le bruit ne lui convient pas ; l'absence de toute excitation extérieure est ce qui lui réussit le mieux dès qu'il est à l'écurie. S'il veut absolument un commensal ou des commensaux, il y a nécessité absolue que tous soient soumis au même régime de travail et de nourriture que lui. Les soins différents qu'on leur donnerait, les allées et venues obligatoires, dans tous les cas, lorsqu'on les sort ou quand on les rentre, les absences irrégulières auxquelles les assujettissent leurs travaux... sont des causes de dérangement renouvelé, qu'il est fort important d'éviter. Dans une écurie d'entraînement, il ne doit donc y avoir que des chevaux en traîne.

Si l'on n'avait pourtant qu'un seul cheval à entraîner et qu'il se trouvât mal d'être isolé, il faudrait mettre à ses côtés un poney, un cheval quelconque, ou même un âne, quelquefois un chien suffit. Le compagnon alors se plie à toutes les exigences de l'entraînement. On lui donne à manger aux mêmes heures qu'au cheval et il ne sort que pendant les heures où lui-même est absent de sa box.

Si on a le choix sous le rapport de l'exposition ; on ne prend ni le plein nord ni précisément le midi. On évite avec le même soin ces deux grands extrêmes de la température atmosphérique, et puisque nous écrivons le mot, nous ajouterons de suite que, dans une box d'entraînement, le thermomètre ne devrait jamais marquer moins de $17°+0$ et ne s'élever jamais au-dessus de $20°$. La fermeture des fenêtres et des portes, l'abondance de la litière et, au besoin, la conservation du fumier pendant quelques jours contribuent à maintenir à peu près égale, dans tous les temps, la température intérieure de l'écurie, que l'on pourra néanmoins aérer, par degrés, quand le besoin de renouveler l'air se fera sentir. Les fenêtres seront pourvues de rideaux, de paillassons légers ou de stores, afin d'assombrir le local toutes les fois qu'une lumière trop vive pourrait mettre obstacle à un repos complet et que, à cause de cela même, l'animal resterait par trop exposé aux insultes de

> . . . . Ce parasite ailé
> Que nous avons mouche appelé.

Un paddock n'est jamais de trop ici. La box qui s'ouvrirait ainsi sur une petite cour pareille offrirait le moyen de mettre les chevaux aux bonnes heures du jour en plein air et de le leur laisser respirer dans toute sa pureté. En été, ce pourrait être à la fin de la journée, quand la fraîcheur commence à se faire sentir ; en hiver, ce serait au contraire vers le milieu du jour, quand le soleil a déjà tempéré la rigueur du froid. Dans cette

dernière saison, la box demeure fermée pendant les heures
d'absence, mais dans l'autre, on l'ouvre pour la bien ventiler
et pour en renouveler toute l'atmosphère.

Les Anglais ne s'attachent pas autant que nous à ces deux
dernières recommandations. Ils veulent moins de liberté extérieure, moins de lumière et plus de chaleur, ce qui revient à
dire qu'ils tiennent moins que nous à la pureté de l'air, bien
qu'ils n'oublient pas tout à fait le ventilateur dans les boxes
quand ils les mettent le moins possible en communication
directe avec le dehors. Il en est qui affirment qu'une écurie
n'est jamais trop sombre, qu'il n'est pas utile de l'aérer beaucoup ; qu'elle n'est jamais trop chaude, qu'il faut éviter d'y
laisser pénétrer une trop grande quantité d'air frais ; qu'il est
souvent nécessaire de la chauffer artificiellement ; que l'obscurité est avantageuse au cheval qui travaille beaucoup et que
celui-ci profite deux fois autant dans une écurie assombrie que
si elle était très-éclairée.

Ceci est de l'exagération. Il est très-vrai qu'en pleine lumière,
le cheval ne jouit pas d'une tranquillité complète ; il est vrai
aussi que le demi-jour l'invite à se coucher plus tôt et à reposer
plus longtemps ; mais le cheval en entraînement n'est pas toujours couché, il ne dort pas toujours.

Trop d'obscurité et de chaleur, pas assez d'air pur font ces
chevaux hauts, longs et plats, dont le modèle est si multiplié
aujourd'hui, si multiplié et si défectueux. Des conditions opposées maintiennent mieux le cheval dans sa forme propre, qui
est d'être harmonique dans toutes ses proportions, d'avoir
autant de substance, autant de force et d'ampleur matérielle
que de vigueur morale.

4. L'écurie des hunters.

L'Angleterre, par excellence, est le pays de la spéculation.
Quand on ne l'exagère pas, la chose est bonne en soi. Malheureusement, rien ne porte plus à l'excès, à l'abus ; or

> L'excès en tout est un défaut.

Cet adage le dispute à tous en exactitude et en sagesse.

Trêve de réflexions cependant. Il s'agit des dispositions particulières qu'on a cru utile d'attacher de l'autre côté du détroit à l'habitation des chevaux de chasse, lesquels forment pour ainsi dire une caste à part chez nos voisins.

Le hunter travaille rudement en Angleterre, mais seulement une ou deux fois par quinzaine ; le reste du temps il est au repos, à un repos relatif, bien entendu. Il vit donc beaucoup chez lui, dans sa demeure, et lorsqu'il en sort pour faire campagne, on ne lui ménage ni la peine ni les intempéries. Il faut qu'il soit trempé de façon à résister à celles-ci et à celle-là. Si le régime ne venait en aide à la constitution, aucun cheval ne tiendrait une saison entière au métier du hunter, à la tâche que doit accomplir le cheval de chasse anglais. Dans l'hygiène générale, l'habitation occupe une grande place.

On la veut haute sous le plafond, aérée, très-éclairée, mesurant en surface 24 mètres carrés au moins.

Voilà de bonnes conditions. En s'y arrêtant, on peut faire quelque chose de bien avec cela ; on peut s'égarer aussi et ne tirer qu'un médiocre parti d'un point de départ excellent. Les Anglais sont très-experts en ceci ; ils posent volontiers des principes indiscutables, mais personne ne s'en écarte mieux dans l'application. Nous appuierons cette assertion d'un exemple afin de mettre en garde contre les recommandations de ceux qui ne voient rien de comparable aux pratiques anglaises.

Nous avons donné de bons spécimens de construction pour toutes sortes d'écuries, y compris celle des hunters ; nous offrons en dernier lieu le type de l'habitation de ces derniers, afin qu'on le compare à ceux que nous avons proposés. Nous le trouvons dans un livre anglais qui a obtenu un grand succès chez nous par cette considération seule qu'il a été écrit par un Anglais. Nous laissons parler l'auteur.

« Le plan ci-joint, dit-il (fig. 48), a été établi pour contenir douze hunters ; c'est la forme la plus économique et la plus commode. Il comprend quatre écuries séparées, toutes de même grandeur, et construites chacune pour trois chevaux qui seront en liberté dans une box B ; mais à la hauteur de cinq pieds ils

seront seulement séparés par des barreaux de fer. Dans chaque
écurie, deux portes séparent entièrement les trois boxes quand
on le désire, et on peut les faire entrer à volonté dans les coulisses pratiquées dans les séparations. Ces coulisses sont dans la
partie supérieure, et les portes ainsi suspendues glissent rapidement d'un côté à l'autre, sans que jamais cependant un cheval
puisse les ouvrir. Chaque écurie devrait avoir un ventilateur en
entonnoir, que l'on puisse ouvrir partiellement ou entièrement
à l'aide d'une soupape correspondant à une corde à portée du

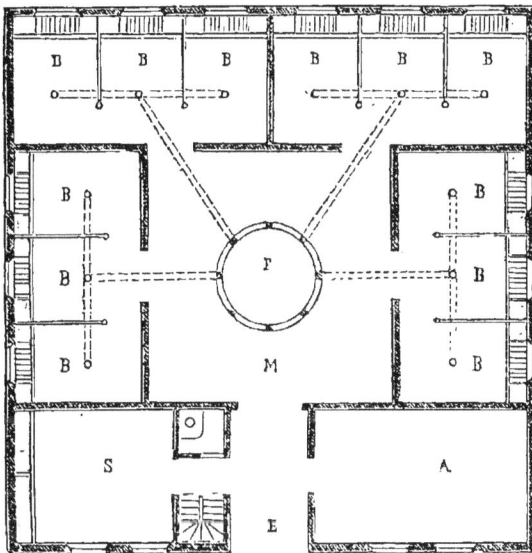

Fig. 48. Plan d'une écurie anglaise pour douze chevaux de chasse.

head groom. Au-dessus de la tête de chaque cheval se trouve
une fenêtre grillée en fil de fer et à bonne distance du râtelier
et de la mangeoire. Ces parties doivent être en fer galvanisé,
avec un compartiment séparé pour mettre l'eau et les barbo-
tages. Le râtelier doit être entre les deux compartiments de la
mangeoire et sur le même niveau, ce qui économise beaucoup
de foin. Un égout couvert va au réservoir central F où l'on porte
aussi le fumier, et le mur de ce réservoir supporte huit poteaux soutenant un hangar M pour promener les chevaux à cou-

7.

vert pendant le mauvais temps. Une semblable écurie, avec des accessoires simples, mais convenables, coûtera, sans grande ornementation extérieure, de 250 à 300 livres (de 5,000 à 6,000 francs), et dans quelques localités un peu plus, selon le prix du travail et des matériaux. Avec une écurie bâtie sur ce plan et bien plafonnée, il n'y a aucun inconvénient à placer au-dessus un grenier à foin. Les émanations des chevaux s'échappent aisément au moyen des ventilateurs, et ne peuvent faire aucun tort au foin et à la paille, qui ont d'un autre côté l'avantage en toute saison de maintenir l'égalité de la température. La cheminée de la sellerie S doit être construite de façon à chauffer la chaudière placée dans l'antichambre, et puis le tuyau doit passer le long de la sellerie, au-dessous des chevilles où l'on pose les selles, qui de cette façon seront préservées de l'humidité. Dans le passage couvert E entre la sellerie et le magasin à avoine A, on peut laver un cheval couvert de boue avec l'eau chaude que fournit la chaudière, puis on le conduit directement à sa box, évitant ainsi les refroidissements que la boue humide ne manque pas d'occasionner quand on ne se presse pas de l'en débarrasser. En somme, l'on trouvera que cette forme d'écurie est la plus convenable pour une douzaine de hunters.

« Si l'on veut plus de place, l'on peut ajouter trois écuries de mêmes dimensions, pouvant contenir neuf chevaux de plus, tout en conservant la forme carrée, qui a l'avantage de permettre l'établissement d'une piste circulaire pendant les froids et les temps de pluie. »

Les reproches que nous adresserons aux principales dispositions de ce bâtiment sont bien faciles à formuler :

1° Les fumiers ne pouvaient être plus mal placés ;

2° Les boxes, moins deux, sont d'un très-difficile accès ;

3° La complication des portes n'est pas justifiée par leur plus grande commodité ;

4° Les fenêtres portent toutes sur la tête des chevaux ;

5° Il y a trop d'angles aigus et le manége carré M n'est pas le meilleur possible en sa forme,

Étant donné le bâtiment que représente la figure 45, voici comment nous l'aurions disposé.

Nous aurions percé les baies des portes sur les murs extérieurs, en surmontant chacune d'elles d'une imposte s'ouvrant par le haut et en dedans de la box. Chaque loge aurait eu de la sorte son entrée spéciale et sa communication directe avec l'air pur. A l'intérieur, nous aurions eu un couloir de service pour la distribution des aliments, et le couloir, en forme d'auvent, aurait offert un abri à la piste du manége, établie dessous. La fosse à fumier eût disparu, et chaque box aurait eu sa fenêtre sur la cour carrée. Les corbeilles et les auges auraient trouvé place convenable dans l'angle de gauche opposé à la porte. Les communications intérieures de certains boxes entre elles, absolument inutiles, auraient été supprimées. Enfin il était facile d'établir un auvent extérieur et d'arrondir les angles de la cour intérieure, qui eussent ainsi formé quatre placards, dont on a toujours besoin pour ranger et serrer nombre de menus objets et d'ustensiles divers.

Ainsi arrangée, l'écurie eût été et plus saine et plus commode à tous les points de vue ; mais il y a gros à parier qu'entre les deux propositions un anglomane n'hésiterait pas ; les yeux fermés et l'esprit bouché, il adopterait le plan anglais parce que... parce que anglais, parbleu !

5. *La sellerie.* La chambre aux harnais est le complément indispensable à l'écurie. Nous ne voulons pas parler ici des selleries de luxe qui deviennent l'une des pièces les plus splendides d'une riche demeure, d'un château, d'un hôtel somptueux, mais simplement de la chambre qu'il importe de disposer convenablement pour recevoir les harnais de toutes sortes dont la conservation n'est guère moins précieuse que la bonne confection. Cette chambre manque trop souvent, et les harnais ne s'en trouvent pas mieux, les chevaux de même.

Elle doit être située, cela va de soi, à proximité des écuries. Lors même qu'on suspendrait dans celles-ci, ce que nous n'aimons guère et ne conseillons pas, partie des harnais journaliers, il faut, malgré tout, un endroit pour déposer les harnais de rechange.

L'humidité et la sécheresse, l'une et l'autre en excès, sont les plus grandes causes d'altération des cuirs et autres matières employées à la confection des harnais. Il faut donc que la chambre qui leur est destinée soit parfaitement saine et pas trop exposée aux ardeurs du soleil ou à l'action desséchante des vents âpres.

La double exposition du nord et de l'est est la meilleure, par cela même qu'elle favorise le moins le desséchement et la moisissure.

D'ailleurs, on prend toutes les précautions voulues pour éviter que les cuirs durcissent ou moisissent au contact des murs; on revêt ceux-ci d'épais paillassons ou de planches.

C'est ordinairement sur des bouts de chevrons fixés dans les murs et en saillie de 0ᵐ,50 que l'on place les harnais. Ces chevrons sont quelque peu ouvragés, là même où on y met le moins de façons ; leurs angles tout au moins sont arrondis et leur surface bien lisse.

On les établit à 0ᵐ,80 d'intervalle les uns des autres, ou un peu plus quand on expose deux rangs entre-croisés, dont le premier est à 1ᵐ,30 et le second à 2 mètres au-dessus du sol.

Dans son milieu, le local reçoit des chevalets qui supportent les harnais complets et qui n'empêchent pas d'atteindre les objets portés par les chevrons. On arrondit souvent la pièce en établissant des placards ou des tiroirs de commode, ou des tablettes dont on utilise toujours aisément les surfaces. On trouve toujours une place pour un porte-fouets, pour un porte-brides, que sais-je? pour de petits meubles plus ou moins élégants, qu'on charge avec une certaine coquetterie et qui ornent agréablement l'entrée d'une sellerie bien disposée.

IX. LA TEMPÉRATURE DES ÉCURIES.

Une action qu'il ne faut pas méconnaître. — Encore la question de salubrité. — Deux milieux. — Température et ventilation. — Les idées et les pratiques d'il y a cent ans. — Écuries chaudes et fermées. — . Les architectes. — La logique de pacotille. — L'air froid et l'air chaud. — Les écuries brûlantes. — Les 65 degrés Fahrenheit. — Opinion de Nemrod. — L'utilité de la chaleur. — Effets d'une habitation froide sur le cheval. — Emploi du thermomètre. — Les transitions subites. — Les principes vrais et les fausses applications. — Un peu de précision. — Une définition fondée. — Aération empirique. — Il faut de l'air respirable quand même. — L'aération rationnelle. — Les expériences du ministère de la guerre. — Instructions; — résultats. — Conclusions.

La température de l'écurie exerce sur ses habitants une action directe qu'il suffit d'indiquer pour en faire comprendre toute l'importance. Elle résulte nécessairement des dimensions du local et de son exposition, du nombre variable des animaux qui l'occupent habituellement ou accidentellement; des effets plus variables encore de l'aération, et enfin de la tenue intérieure, c'est-à-dire de l'enlèvement fréquent ou éloigné des fumiers, de la nature et de la quantité des litières employées.

Tout cela devient quelque peu compliqué, tout cela montre que l'écurie la mieux établie sous le rapport de la salubrité, la mieux entendue aussi quant à ses dispositions diverses, peut être encore, malgré cela, une habitation plus ou moins favorable à la condition du cheval, à sa conservation en santé.

Comparée à l'atmosphère libre du dehors, l'atmosphère limitée de l'écurie forme le plus souvent un milieu différent, en quelque sorte artificiel, car sa composition chimique et sa densité toujours changeantes la font peu homogène. Nous savons cela maintenant et nous n'avons plus à nous occuper que de la température intérieure, c'est-à-dire du degré de chaleur qu'il faut s'efforcer de concentrer dans les écuries sans le dépasser, car ici, comme en tout, il y a des excès à éviter, un maximum et un minimum en deçà et au delà desquels cesse le bien-être et commence le malaise, le mal-être.

Dans une écurie judicieusement construite pour le nombre d'animaux qu'elle doit loger, la température est dans la dépendance la plus étroite de l'aération. Aussi avons-nous beaucoup insisté sur les diverses dispositions du bâtiment qui peuvent assurer les convenances, le bénéfice de l'aérage.

Plus facile et mieux entendue est effectivement l'aération, et plus aisément on parvient à maintenir égale, au degré voulu, la température intérieure.

Avec des moyens de ventilation insuffisants ou mal combinés, on n'ose ouvrir ni les fenêtres ni les portes, et on ne laisse pas pénétrer l'air neuf en suffisance, par crainte de trop refroidir le local ; mais en ne l'aérant point assez on expose les animaux à bien des effets nuisibles.

Une écurie ne doit pas être froide ; il ne faut pas non plus que la température s'y élève par trop ; telle est la recommandation de l'hygiène, tel est aussi le sentiment de la pratique éclairée, mais cela reste bien vague. D'ailleurs, la divergence des opinions est grande sur ce point et nous oblige à examiner les choses à fond avant de fixer les extrêmes et d'établir une règle précise.

Voyons donc.

Dans le passé, il y a moins de cent ans, on voulait des écuries très-chaudes, et l'on n'y accumulait le calorique qu'en viciant l'air respirable, qu'en tenant constamment fermées les rares ouvertures par lesquelles l'air froid aurait pu pénétrer. Les exagérations du système ont amené une réaction, mais à son tour cette dernière est allée trop loin. Comme conséquence, on est revenu aux températures élevées, mais on les veut, cette fois, concordantes avec la pureté de l'air des intérieurs.

Voilà le résumé de longues discussions. Elles ont été plus vives en Angleterre qu'en France, et nous en donnerons une idée en répétant le passage suivant d'un livre anglais, traduit en 1859, sous ce titre : *Economie de l'écurie.*

« Il y a au delà de soixante ans, dit l'auteur, M. John Stewart, que James Clarcke, d'Edimbourg, s'est élevé contre les écuries fermées. Il démontra qu'elles étaient chaudes et viciées à un degré incompatible avec la santé, et recommanda fortement de les aérer de manière qu'elles soient toujours fraîches et saines. Avant la publication de l'ouvrage de Clarcke, personne n'avait jamais pensé à admettre l'air dans une écurie ; on n'avait pas même l'idée que ce fût nécessaire. En réalité on le considérait comme hautement pernicieux, et tous les efforts étaient faits pour l'exclure. A cette époque, le palefrenier, en fermant l'écurie pour la nuit, avait grand soin de boucher toutes les ouvertures par lesquelles un souffle d'air frais aurait pu s'introduire ; le trou de la serrure et le seuil de la porte n'étaient pas oubliés. Le cheval était confiné toute la nuit dans une sorte de serre chaude, et le matin le *groom* était enchanté de trouver son écurie aussi brûlante qu'un four. Il ne s'apercevait pas ou ne s'inquiétait pas de ce que l'air était malsain, chargé d'humidité et de vapeurs plus pernicieuses encore. La chaleur était suffocante, et cela lui suffisait. Il ne se rendait pas compte de son insalubrité ou de son influence sur la santé du cheval. Dans une grande écurie où se pressent des chevaux d'un travail constant et laborieux, cette chaleur occasionne beaucoup de maladies. La morve, la pousse, la cécité, la toux, la gale prédominent, variées parfois par des inflammations fatales. Dans d'autres écuries où il y aura moins de chevaux, et ceux-ci travaillant peu, on trouvera les maux de gorge, les yeux malades, les jambes enflées, les poumons échauffés ou de fréquentes invasions d'*influenza* ; mais on s'en prendra à toutes les causes possibles avant de songer au manque d'air dans l'écurie.

« Depuis 1788, que l'ouvrage de Clarcke a été publié, ce n'a été qu'un cri de réprobation contre les écuries chaudes et viciées. Chaque écrivain vétérinaire a blâmé les écuries chaudes comme produisant au moins la moitié des maladies. Pour autant que l'influence de ces écrivains a pu s'étendre, ils ont obtenu quelque amélioration. Une écurie aérée n'est plus maintenant une chose extraordinaire ; beaucoup le sont convenablement, et beaucoup d'autres portent témoignage que la ventilation y a été essayée, sinon obtenue. Les écuries de ferme sont en général passablement aérées, et il est probable qu'elles l'ont toujours été, ce qui peut être attribué à l'insouciance, puisque les ouvertures donnant de l'air s'y trouvent par accident. Autrefois les écuries de cavalerie étaient honteusement closes : avant que des médecins vétérinaires fussent placés dans l'armée, toutes les pratiques de l'ignorance avaient le champ libre. Le professeur Coleman y a introduit un système de ventilation qui.a dû économiser annuellement bien des milliers de livres sterling au gouvernement. Comme bien d'autres innovations salutaires, celle-ci rencontra d'abord beaucoup d'opposition ; une foule de maux furent prédits : mais les maladies qui détruisaient des escadrons entiers sont maintenant à peine connues dans l'armée.

« On a beaucoup dit et écrit sur la ventilation. Bien des efforts ont été faits pour l'obtenir là où jusqu'il y a peu de temps on n'y avait jamais pensé. Et cependant un très-grand nombre d'écuries continuent à être mal aérées. Le blâme en revient surtout aux architectes ; bien peu d'entre eux, lorsqu'ils construisent des écuries, songent à y ménager des ouvertures dans l'unique but de la ventilation. Si on leur représente que le cheval étant un animal qui respire, il faut prendre quelques dispositions pour lui procurer de l'air frais, ces constructeurs semblent ignorer complétement cette partie de leur art. Les nouvelles écuries de M. Lyons ont été ventilées dès l'origine; chaque écurie contenait seize chevaux, et deux ouvertures furent pratiquées dans la partie la plus élevée du local. Ces dernières étaient réellement très-bien placées pour enlever l'air chaud et corrompu ; mais quelle était leur dimension ? Chacune d'elles avait exactement 3 pouces 1/2 carrés! Comment pouvait-on en attendre un aérage quelconque? les ventilateurs d'une diligence ou d'un omnibus qui ne présenteraient pas une plus grande surface seraient déclarés insuffisants, et pourtant ces deux ouvertures devaient procurer l'air à seize chevaux ! car il n'y avait aucune autre issue que ce soit ; les fenêtres étaient dormantes, et les portes aussi hermétiquement fermées que possible.

« L'architecte peut être ignorant à cet égard, mais l'amateur de chevaux doit être plus éclairé. Les propriétaires riches et entendus des grandes messageries ou relais de poste sont suffisamment convaincus de l'importance de la ventilation. Ceux qui l'ignorent l'apprennent bientôt et d'une manière qui ne s'oublie pas facilement ; mais il en existe qui sont encore opposés à la ventilation ; quelques-uns y sont indifférents, et très-peu savent comment l'effectuer.

« Un grand nombre des oppositions à l'aérage proviennent d'une erreur répandue parmi ceux qui le recommandent ; ils confondent invariablement une écurie chaude avec une écurie insalubre ; ces deux mots, *chaude* et *insalubre*, sont rarement désunis. On parle de l'écurie comme si elle ne pouvait pas être chaude sans être insalubre ; et les maux qui proviennent seulement du mauvais air sont attribués à la chaleur. Il arrive de là ou que ceux qui ont une écurie chaude et même ardente, mais en même temps salubre, sont très-enclins à nier l'efficacité de la ventilation. Leurs chevaux se portent aussi bien que ceux d'une écurie plus froide, et peut-être mieux. Ils disent : « Je trouve que la pratique d'aérer les écuries ne produit pas « de bons effets ; elle est fondée sur la théorie et ne saurait ré-« sister à l'épreuve de l'expérience ; mes chevaux ont meilleure « apparence que ceux de mon voisin d'en face, et cependant « mon écurie est un four comparativement à la sienne. »

« Ceci peut être vrai. Pour avoir *l'air bien portant*, un cheval doit être tenu chaudement ; mais pour *être bien portant*, propre à tout travail qu'un cheval est dans le cas de devoir faire, il lui faut de l'air pur. Nous ne nous élevons pas contre la chaleur dans une écurie, mais bien contre le mal que peut y causer l'air vicié. En général il arrive que l'air, en s'échauffant, se corrompt ; mais ce n'est pas une conséquence obligée. L'air peut être froid et en même temps impropre à la respiration, comme il peut être chaud et cependant tout à fait dégagé d'impureté. Il peut exister des écuries dans lesquelles l'atmosphère est pernicieusement chaude, mais je ne pense pas en avoir jamais vu. Je n'ai pas été à même de constater une maladie provenant de la chaleur, fût-ce à un haut degré, de l'écurie, mais chaque année offre d'innombrables exemples du mal que peut faire une écurie malsaine. Naturellement ces écuries où l'air est corrompu

sont toujours chaudes, mais, dans ma croyance, c'est la corruption de l'air, et non la chaleur, qui occasionne les maladies. Beaucoup d'écuries très-chaudes sont aussi très-saines.
Cette distinction est importante. Le cheval peut être tenu chaudement sans être empoisonné par le mauvais air. D'ailleurs il
est si bien établi parmi les hommes spéciaux que la chaleur est
favorable au cheval, améliore son aspect et lui donne plus de
vigueur, qu'il serait parfaitement inutile de combattre ce principe; la pratique prévaudra toujours sur la théorie. Aussi nous
n'avons jamais critiqué et nous ne critiquons pas la chaleur
dans une écurie, mais nous ne pouvons admettre qu'on l'introduise aux dépens de la salubrité. Qu'il reste donc bien établi
que le cheval doit être tenu chaudement, mais qu'on se rappelle
en même temps qu'il lui faut de l'air pur, car une écurie malsaine est plus dangereuse qu'une écurie froide. »

. . . .

« Les effets d'une écurie brûlante qu'il m'a été permis de
constater à défaut d'expériences spéciales, se bornent à trois
seulement, savoir : un pelage fin, court et brillant; une propen-
sion marquée à l'embonpoint, et enfin une sensibilité extrême
à l'influence du froid.

« Voilà pour les effets permanents.

« Quant à ceux qui résultent du passage soudain d'une écurie
froide à une écurie brûlante, ils diffèrent quelque peu des premiers : pendant la première semaine le cheval semble attaqué
de la fièvre; il boit beaucoup et ne mange guère; parfois il est
triste et lourd, parfois agité et inquiet. S'il conserve son appétit
et sa contenance ordinaire, il sera sujet à suer dans l'écurie,
surtout aux flancs, au museau, aux épaules et à la croupe. Au
bout de quelques jours le cheval est accoutumé à la température
élevée; son poil devient doux et brillant comme s'il était imprégné d'huile; il reprend son appétit et se fortifie rapidement.

« Un poil court et brillant n'est pas un désavantage; l'accumulation de chair est loin d'être toujours désirable, mais jamais
on ne songera à l'empêcher en rafraîchissant l'écurie. Quant à
la sensibilité au froid, c'est un mal sérieux; car si toutes les

maladies, la plupart dangereuses, qu'on attribue à une soudaine
exposition au froid, en procèdent réellement, une écurie brûlante est pour le moins aussi nuisible qu'une écurie impure. Il
est généralement admis qu'une soudaine exposition au froid,
c'est-à-dire la privation rapide de la chaleur, est funeste; mais
qu'elle puisse produire tous les désastres que l'on cite, c'est ce
qui me paraît douteux. Cependant le froid cause souvent beaucoup de mal, et le cheval habitué à une écurie brûlante, étant
exposé, fût-ce pour un instant, à une atmosphère froide, aura
le frisson, et chacun sait qu'il en résulte souvent des inflammations mortelles.

« Je ne garantis pas que les écuries brûlantes ne produisent
d'autre effet; je raisonne d'après mes observations sur des écuries sans impureté sensible. Quand l'air est passablement pur,
il ne peut s'échauffer à un haut degré, si ce n'est par des moyens
artificiels; n'ayant jamais vu d'écurie chauffée au feu, je ne sau-
rais déterminer les résultats d'une chaleur excessive. On assure
que le séjour des pays chauds amène chez l'homme des maladies de foie, la débilité, l'affaiblissement de la constitution, mais
on ne peut établir d'analogie sous ce rapport entre l'homme et
le cheval; peut-être ce dernier est-il préservé par le travail et
la différence de nourriture des maux qui accablent l'autre.

« Il faut distinguer l'écurie brûlante de l'écurie chaude; dans
la dernière le thermomètre s'élève généralement de 60 à 65
degrés Fahrenheit; dans la première il monte souvent à 10 ou
15 et quelquefois à 20 degrés plus haut, en hiver bien entendu.
En été l'écurie est tantôt chaude et tantôt plus froide que l'air
extérieur; cela dépend beaucoup de la quantité de vapeur qui
se dégage du sol dans l'écurie et ses abords, de la force du vent
et de son passage à travers l'écurie.

« Il semble qu'on n'ait pas censuré les écuries chaudes; on
s'est borné à attaquer celles qui sont brûlantes, ou, suivant le
dicton habituel, brûlantes et impures.

« Nemrod, traitant de la température des écuries, s'exprime
ainsi : « On ne doit pas perdre de vue que le cheval est origi-
« naire des pays chauds, et il ne faut pas aller plus loin que les

« montagnes d'Ecosse ou le pays de Galles pour se convaincre
« qu'il dégénère dans les climats froids. » On pourrait objecter
qu'il importe peu d'où le cheval tire son origine : des individus
souffriront d'une transplantation dans un climat plus froid,
mais une race est bientôt acclimatée dans le pays où elle a été
élevée. Ainsi, en ce qui concerne la température, le cheval peut
être considéré dans nos pays comme indigène ; la petitesse et
les formes particulières des chevaux de montagnes ne sauraient
être entièrement attribuées à la rigueur du climat, car l'aridité
du sol y a la plus grande part.

« Le même auteur pose en fait que, comme le corps est constamment reconstitué et alimenté, tout ce qui provoque cette
reconstitution, par exemple la chaleur qui augmente la circulation, est avantageux. Si l'on doit comprendre par là qu'une
même quantité de nourriture produira plus d'effet dans une
écurie chaude, cette argumentation est parfaitement juste. L'auteur ajoute qu'il suffit d'un peu d'observation pour se convaincre que la constitution et les habitudes du cheval s'améliorent
par la fréquentation d'une écurie chaude, qui soit convenable
à son travail, comme si l'on mettait, par exemple, un cheval
de chasse dans l'écurie d'un coureur. Cet argument est sans
réplique ; s'il est vrai que les chevaux obtiennent un plus haut
degré de vigueur dans une écurie chaude que dans une froide,
il n'est pas besoin d'autre raison pour préférer la première. En
réalité, il n'y a guère de fait plus positivement établi dans toute
l'économie de l'écurie, car tous les hommes du métier ayant
quelque expérience savent que toutes les espèces de chevaux
prospèrent plutôt dans une écurie confortablement chaude que
dans celle qui est sensiblement froide.

« L'utilité de la chaleur dans l'économie animale n'est pas très-
évidente ; il est probable qu'elle est nécessaire, dans une certaine proportion, à l'accomplissement des différentes opérations
chimiques qui s'effectuent dans le corps. Au moins est-il po-
sitif qu'une partie de ces opérations peut être arrêtée par la
privation d'une portion importante de la chaleur naturelle ; la
sécrétion de la peau, par exemple, sera supprimée, pour ainsi

dire instantanément, par un refroidissement subit, et ne reprendra son cours qu'à l'aide d'une recrudescence de chaleur, soit interne, soit externe.

« *Une écurie froide* fait maigrir un cheval en peu de temps ; son poil devient long et hérissé ; il boit moins d'eau et consomme plus de nourriture que dans une écurie chaude, mais il pourra devenir vigoureux et endurci au froid et à l'humidité, et même supporter l'exercice énervant de la chasse ou des courses, quoiqu'il en semble souvent incapable. Je ne crois pas qu'il ait autant d'ardeur et de vivacité qu'un cheval habitant une écurie chaude, mais peut-être ne perd-il ces qualités que quand le froid est assez intense pour le maintenir en état de maigreur. A moins d'être parfaitement soignés, les chevaux logés dans une écurie froide seront rarement exempts de catarrhes ; il y en aura toujours quelques-uns qui tousseront ou auront un écoulement aux naseaux ; cela arrive surtout quand ces chevaux opèrent un travail échauffant.

« Pour maintenir le corps en bonne santé dans une atmosphère froide, le système doit fournir une plus grande quantité de chaleur que dans une écurie chaude ; pour suffire à cette consommation extraordinaire, il faut une plus forte dose de nourriture, autrement l'animal dépérira, surtout s'il doit beaucoup travailler.

« Les grandes écuries, celles qui sont trop élevées, trop spacieuses en proportion du nombre des chevaux, ou trop ouvertes, sont toujours froides. Les murs suintants, un pavage humide et la présence de l'eau à l'extérieur sont la cause de bien des maux ; les écuries non-seulement froides, mais encore humides, sont pernicieuses, en tous temps et pour tous les chevaux.

« Lorsque l'écurie est convenablement construite et d'une dimension proportionnée au nombre des chevaux, elle n'a jamais besoin d'être chauffée par le feu ou la vapeur ; la chaleur produite par la présence des animaux sera toujours suffisante, et une ventilation bien ordonnée l'assainira ; car, dans aucun cas, il ne faut, pour obtenir la chaleur, sacrifier l'aérage. Mieux vaudrait garnir les chevaux de lourdes couvertures ou chauffer l'écurie au moyen du feu. La température habituellement recommandée est celle de 63 degrés Fahrenheit [1] ; elle sera plutôt insuffisante pour certains chevaux que pernicieuse à aucun ; il est bon d'avoir un thermomètre dans l'écurie pour les chevaux délicats ; on le suspendra contre une boiserie, et non à un mur de pierre. L'échelle du thermomètre sera inscrite sur métal, le bois, en se déjetant, pouvant briser le tube de verre. L'entrée de l'air sera réglée de manière qu'on puisse obtenir à volonté de 60 à 69 degrés ; un groom intelligent appréciera bientôt quelle est exactement la température qui convient le mieux à ses chevaux ; il suffit que la température soit assez douce pour empêcher le poil de se dresser, les jambes de devenir froides, et pour prévenir les frissons après l'abreuvement.

« Les chevaux qui travaillent au pas ou qui sont souvent en plein air ne peuvent avoir une écurie brûlante ; cependant il y faudra une chaleur modérée.

« On règle généralement la température d'une écurie en ouvrant ou en fermant les fenêtres ; dans les jours de grande chaleur, il sera bon d'arroser le pavement ou l'extérieur de l'écurie.

« *Les transitions subites* sont soigneusement à éviter, surtout si la température de l'écurie est excessivement chaude ou froide.

« Il reste un point à éclaircir : à savoir si le passage du froid au chaud est plus pernicieux que la transition opposée. Il est généralement admis que l'une et l'autre sont nuisibles ; mais mon expérience personnelle me porte à croire que le froid fait plus de mal à un cheval fortement échauffé que la chaleur à celui qui a froid ; par une gradation lente, on habituera le cheval à une atmosphère opposée sans qu'il en puisse être incommodé.

« Si le cheval était en grande transpiration, on le rafraîchirait en l'introduisant pour quelques minutes dans une écurie froide, mais en ayant soin de l'en retirer avant qu'il ne commence à

[1] Le thermomètre de Fahrenheit est particulièrement usité en Angleterre : 1 degré Fahrenheit égale 5/9 de degré centigrade ; 1 degré centigrade vaut 9/5 de degré Fahrenheit ; 63 degrés Fahrenheit valent donc 35 degrés centigrades.

frissonner. Ne le mettez jamais dans une écurie brûlante ; il en deviendrait malade ; sa respiration s'arrêterait, et même il pourrait tomber immédiatement en faiblesse. De même un cheval qui vient d'avoir très-froid ne peut être rentré dans une écurie très-chaude ; le danger serait moindre s'il était mouillé ; mais, dans le cas contraire, il deviendra agité et comme fiévreux, jusqu'à ce que la transpiration s'établisse. »

A tout ce que dit l'auteur anglais dans ce passage, que nous avons voulu donner entier, nous n'avons à reprocher que son exagération.

Les principes sont vrais ; on les fausse dans l'application.

Se fait-on idée de l'utilité de tenir le cheval, dont tous les services sont extérieurs, s'obtiennent à l'air libre et sous les effets de toutes les variations atmosphériques, dans un milieu pareil, à une température de 35 à 36 degrés centigrades ? Il n'est pas jusqu'à cette appellation d'écurie brûlante qui ne soit absolument inconnue parmi nous, où l'on trouve déjà excessive l'écurie chaude, épithète aussi malsonnante à l'oreille que celle qui lui est opposée. Notre hygiène est mieux fondée, plus rationnelle ; elle ne veut ni chaude ni froide la température de l'écurie : elle la demande moyenne ; mais la moyenne est calculée sur les besoins mêmes de l'économie.

Ceux-ci se trouvent pleinement satisfaits, pour les chevaux de service, entre 10 et 18 degrés centigrades ; entre 17 et 20 degrés de la même échelle pour les chevaux d'entraînement ; entre 20 et 25 degrés pour les poulinières qui vont mettre bas, car les nouveau-nés réclament, pendant les premiers jours de la naissance, une écurie très-chaude. Dans aucun cas nous ne conseillerions d'élever davantage la température des intérieurs. Les exceptions pourraient être commandées par suite de maladies particulières ; mais ces cas appartiennent au médecin, et non plus au régime habituel.

La distinction qu'on établit entre une écurie chaude et une écurie insalubre est essentiellement fondée ; mais la confusion a eu sa raison d'être dans la pratique, où l'on ne trouve guère d'écurie chauffée que par l'encombrement des animaux, par l'accumulation des fumiers qui fermentent et l'absence, aussi complète que possible, de toute ventilation. Dans ces conditions, en effet, une écurie chaude est insalubre au plus haut degré, et on ne l'assainit que par les contraires, c'est-à-dire en diminuant le nombre des habitants, en enlevant plus souvent les fumiers, en ouvrant opportunément les fenêtres et les portes, en donnant issue à l'air trop chaud et aux gaz irrespirables, au moyen des ventouses et des ventilateurs dont nous avons parlé et expliqué les effets.

Ces derniers moyens ne sont pas encore généralement adoptés, nous l'avons dit, et quand on les adopte, on les établit rarement de manière qu'ils fonctionnent toujours utilement. C'est le cas particulier des grandes écuries, notamment de celles des casernes de cavalerie et des établissements publics de quelque importance. Il en résulte que l'aérage y est incomplet, que la température s'y élève beaucoup trop, et que les maladies y sont plus fréquentes, plus graves, plus meurtrières que dans les autres.

Ceci a suggéré la pensée de suppléer à l'insuffisance d'une bonne ventilation par l'ouverture permanente des portes et des fenêtres, même en hiver. On en a obtenu de meilleurs résultats que de leur occlusion presque constante, et l'on en a conclu que, les chevaux se trouvant mieux de la première condition que de la seconde, il y avait lieu d'ériger la chose en système général. C'est comme si l'on disait : L'air pur et respirable, l'air vital est plus favorable à la santé du cheval que l'air usé, que l'air mêlé de gaz délétères. En tenant constamment libres les ouvertures, on permet un renouvellement constant de l'air de l'intérieur, et les inconvénients qui peuvent en résulter pour quelques animaux, pour ceux qui se trouvent le plus exposés à une ventilation trop active, sont largement compensés par les effets de l'air pur sur le grand nombre.

Cela étant, il n'y a point à hésiter lorsqu'on n'a pas le choix ; mais l'hésitation n'est pas plus permise dans d'autres circonstances, lors, par exemple, qu'on peut établir une ventilation suffisante, sans en venir à la nécessité de laisser ouvertes portes et fenêtres, nuit et jour, en toutes saisons.

Les écuries de nos casernes ne réunissant pas toutes, loin de là, les conditions essentielles d'une bonne ventilation, on s'est bien trouvé d'appliquer à leurs habitants le système d'aération continue par l'ouverture permanente des portes et fenêtres.

Frappé des premiers résultats, le ministre de la guerre a ordonné, depuis peu, que des expériences sur une grande échelle fussent poursuivies dans des régiments de diverses armes, au centre, au midi et au nord de la France, et voici le programme donné pour ces expériences :

« MM. les chefs des corps dans lesquels elles auront été pre-« scrites choisiront dans leurs régiments deux escadrons, logés « dans des écuries ayant, autant que possible, les mêmes dis-« positions et la même orientation. L'un de ces escadrons, « devant servir de point de comparaison, sera soumis à l'aéra-« tion habituelle du corps; l'autre, à l'aération permanente.

« Celle-ci consistera à laisser les portes et les croisées de « l'écurie constamment ouvertes, quel que soit l'abaissement « de température. Il n'y aura d'exception qu'en hiver, dans les « deux cas suivants : 1° lorsque les portes, dont l'une serait « située au nord et l'autre au midi, se correspondraient; « 2° lorsque les chevaux rentreront du travail ou des prome-« nades. Dans le premier cas, on fermerait la porte du nord « seulement; dans le second, les portes et les croisées seront « fermées pendant l'espace d'une à deux heures au plus. »

« L'on voit, fait observer M. le général Morin, qui, dans ses belles études sur la ventilation, s'est spécialement occupé du sujet, l'on voit que, dans cette instruction, il n'est pas question des conduits d'évacuation de l'air vicié, et que, pour sa sortie, comme pour l'introduction de l'air nouveau, l'on compte uniquement sur les courants naturels qui s'établiront dans l'intérieur des écuries.

« Les résultats des observations recueillies, ajoute le savant écrivain, depuis le mois de décembre 1861 jusqu'au mois de décembre 1862, dans les régiments où les expériences ont été faites, ont été l'objet d'un rapport adressé, à la date du 20 mai 1863,

8

au ministre de la guerre, qui a bien voulu m'en donner communication.

« Les conclusions générales auxquelles s'est arrêtée la com-
« mission d'hygiène hippique sont les suivantes :

1° Les 311 chevaux soumis à l'aération habituelle n'ont
« éprouvé aucun changement bien appréciable dans leur état et
« dans leur énergie. Leur état sanitaire a été le même que ce-
« lui des autres chevaux du corps. D'après le tableau des mu-
« tations, le chiffre des entrées aux infirmeries a été de 92, ou
« 29,6 pour 100, et le chiffre des pertes de l'année a été de 5,
« soit 16 sur 1,000.

« 2° Les 451 chevaux soumis à l'aération permanente ont, au
« contraire, subi d'avantageuses modifications dans leur état et
« dans leur énergie. Leur état sanitaire a été sensiblement plus
« satisfaisant que celui des chevaux de la première catégorie,
« puisque le relevé des mutations n'a constaté pour l'année que
« 63, ou 13,9 sur 100 entrées aux infirmeries, et qu'il n'était
« mort que 3 chevaux, soit 6,6 sur 1,000.

« 3° Les différences observées entre la température extérieure
« et la température intérieure des écuries affectées aux chevaux
« soumis à l'aération habituelle, ont varié, suivant que, dans ce
« système, l'aération a été plus ou moins large, plus ou moins
« complète; mais cependant, lorsque la température extérieure
« était de + 4 degrés et au-dessous, la température intérieure
« a toujours été plus élevée de 8 à 12 degrés; au contraire,
« lorsque la température extérieure dépassait + 20 degrés, la
« température intérieure était plus basse de 6 à 10 degrés.

« 4° Ces différences, en ce qui regarde les écuries affectées
« aux chevaux soumis à l'aération permanente, ont été beau-
« coup moins sensibles, puisque, dans le premier cas, la diffé-
« rence en plus n'a été que de 2 à 4 degrés, et que, dans le
« deuxième cas, elle n'a été en moins que de 3 à 6 degrés, ce
« qui évidemment plaçait les chevaux de cette catégorie dans
« de meilleures conditions d'hygiène, attendu que ceux-ci se
« trouvaient moins exposés aux influences des transitions brus-
« ques de température.

« 5° Les chevaux de cette dernière catégorie ont paru mieux
« résister au travail et suer moins facilement, et ils étaient
« aussi moins exposés aux arrêts de transpiration et aux réper-
« cussions cutanées.

« 6° En présence de ces résultats évidemment très-explicites,
« les commissions régimentaires étaient unanimes à reconnaître
« que l'aération permanente présentait une supériorité notable
« sur tous les autres modes employés dans l'armée. Cette su-
« périorité était d'autant plus marquée, que, dans le système
« qui servait de point de comparaison, l'aération était moins
« large et moins complète. Le mode d'aération permanente of-
« frait en outre le grand avantage de fournir toujours à la res-
« piration des chevaux une grande quantité d'air pur, et d'aug-
« menter ainsi leur résistance à l'action des agents morbifiques,
« en les rendant, en même temps, moins impressionnables aux
« influences atmosphériques.

« 7° Deux commissions ont néanmoins exprimé l'opinion que
« ce système ne saurait être adopté d'une manière définitive
« qu'à la condition de remplacer les châssis de fenêtres des
« écuries par des toiles métalliques, et les portes entières par
« des demi-portes, ne s'élevant qu'à 1m,50 au-dessus du sol. »

« La prudence, qui doit guider l'autorité quand il s'agit d'un
intérêt aussi important que celui de la conservation des chevaux de cavalerie de l'armée, engagera peut-être à renouveler
et à multiplier les expériences avant de prendre un parti défi-
nitif. Il est d'ailleurs possible que, pendant les hivers rigoureux, il puisse y avoir nécessité de restreindre un peu les ouvertures d'accès de l'air, mais il n'en reste pas moins acquis,
par ces expériences exécutées dans quatre régiments stationnés
au nord, au centre et au midi de la France, que l'aération continue paraît être d'un effet très-salutaire pour la santé des
chevaux. »

Nous avions pris nos conclusions à l'avance, et nous n'avons
rien à y ajouter. Il est évident :

1° Que les chevaux vivent mieux, plus largement et plus utilement sous l'influence d'un air constamment renouvelé et pur ;

2° Que, dans les conditions opposées, ils se trouvent dans un milieu qui les expose plus fréquemment à la maladie, tout en leur laissant moins de vigueur au travail.

Ceci est depuis longtemps acquis en effet. Mais il resterait à faire deux autres séries d'expériences :

1° L'aération permanente par l'ouverture constante des portes et des fenêtres est-elle supérieure à celle qui résulte d'une ventilation entendue comme nous l'avons établie ?

2° Et la chaleur élevée des écuries, celle de 35 degrés, par exemple, indiquée comme indispensable par les Anglais, donnerait-elle de meilleurs résultats que celle que l'expérience nous a personnellement montrée comme étant préférable à tous égards ?

Nous n'hésitons pas à répondre : La ventilation par appareils complets, convenablement établis, est très-supérieure à l'aération permanente par l'ouverture constante des portes et des fenêtres ; est très-préférable aussi, à n'en pas douter, une température modérée, appropriée à la condition des diverses sortes de chevaux. Notons, en passant, que les Anglais ne sont revenus à une température excessive qu'après avoir abusé d'une aération trop active.

Leur système fait les chevaux trop impressionnables ; le nôtre les trempe plus énergiquement, il les fait beaucoup plus résistants.

L'insuffisance d'aération, la ventilation incomplète font le sang pauvre, l'existence chétive, la dégradation morale et l'abâtardissement physique.

B. LES ÉTABLES DE L'ESPÈCE BOVINE.

Encore une définition. — La vie commune. — Un tableau parlant. —
Les vices de la stabulation mal entendue; — ses effets; — ses dangers.— Les vilaines maladies; — la contagion.— Aux grands maux
les grands remèdes. — Un intérêt méconnu. — Nécessité de mieux
faire.

Pris dans son acception véritable, déjà nous l'avons fait remarquer, le mot *étable* s'applique exactement et d'une manière
générale aux diverses habitations des espéces domestiques;
mais l'usage en a restreint la signification, et on l'emploie plus
spécialement pour désigner les lieux dans lesquels on loge habituellement les animaux de l'espèce bovine. Ceux-ci ont des
destinations différentes, qui nécessitent des dispositions particulières, et nous nous trouvons par cela même en présence
d'étables de plusieurs sortes, notamment de la bouverie, de la
vacherie et du toit ou écurie des veaux. Du reste, ces habitations variées sont ou communes ou séparées, et prennent, suivant le sexe, l'âge et les circonstances, des arrangements ap-
propriés au but qu'on se propose : entretien de bêtes de travail,
de laitières, d'animaux à l'engrais, ou spéculation d'élevage et
vente des produits.

Cependant, si dans les exploitations d'une certaine importance on sépare les élèves, si on tient à part les vaches à lait
et les bœufs d'engraissement, il n'en est plus ainsi ni dans les
petites fermes ni dans les petites métairies, où l'on réunit plus
ordinairement toutes les existences dans une étable commune;
alors les inconvénients, si inconvénients il y a, ne se manifestent que très-atténués, à moins que le local ne présente pas
les conditions essentielles d'une bonne habitation.

Malheureusement ceci est trop ordinaire, trop général, et l'on
a peine à croire que de si grandes richesses demeurent autant
exposées que l'est le gros bétail en France. Sur dix millions
de bêtes, huit à neuf millions peut-être sont logées d'une fa-·
çon désastreuse. Le tableau de leurs misères a été tracé de

8.

main de maître par Grognier. En le reproduisant ici, nous mettrons sous les yeux du lecteur le programme des améliorations les plus urgentes que réclament en masse les lieux dans lesquels on entasse communément les animaux de l'espèce bovine.

« On ne peut se dissimuler, dit Grognier, que, malgré les avertissements et les conseils des agronomes et des vétérinaires, les étables ne soient en général mal placées, mal construites, mal disposées. Elles sont enfoncées, basses, étroites ; elles ont peu de fenêtres, encore les tient-on presque toujours fermées. Ailleurs elles n'offrent d'autre ouverture que celle de la porte. Les murs en sont imparfaitement crevassés ; les poutres entièrement vermoulues, comme pour servir d'asile aux souris, aux insectes, et de réceptacle aux matières de contagion. Les toiles d'araignées y abondent ; on en extrait le fumier trois ou quatre fois par an. Une litière fort mince recouvre imparfaitement cette masse infecte, dans laquelle les animaux s'enfoncent : c'est dans la fange qu'ils se couchent, quand il leur est permis de se coucher. Ces lieux servent encore d'asile aux dindons, aux poulets, aux mendiants ; on y loge des boucs. L'entrée en est obstruée par du fumier, de la fange, des eaux stagnantes. L'infection, quand on y entre, se manifeste par une odeur fétide, ammoniacale, la gêne de la respiration, une chaleur humide, désagréable, affaiblissante. Les corps en ignition y répandent une lumière faible et pâle ; les meubles et les ustensiles y sont en peu de temps hors de service. Les murs humides sont tapissés de bissus ; les poutres et les planchers sont vermoulus ; et comme le fenil est ordinairement au-dessus de ces étables, dont il n'est séparé que par des planches mal jointes, les émanations qui s'élèvent corrompent la couche inférieure du fourrage dans une épaisseur d'un ou deux pieds. L'altération profonde de ce fourrage est prouvée par le poids qu'il acquiert.

« Je tiens d'une personne digne de foi que quelques bottes de paille qu'on avait laissées pendant quelques jours dans un coin d'une écurie très-mal tenue, se trouvèrent peser un tiers de plus qu'en sortant de la grange.

« Une *stabulation* si vicieuse n'est pas seulement, comme

on pourrait le croire, l'effet de la paresse et de l'incurie ; elle tient encore à des préjugés et à de fausses idées d'économie. On pense que, pour bien se porter, les bêtes à cornes ont besoin d'être tenues, pendant l'hiver, très-chaudement ; qu'elles n'ont rien à craindre du mauvais air. On ignore que dans une grande partie de l'Angleterre, où la température est plus froide que dans la plupart des régions de la France, le gros bétail est en plein air pendant toute l'année, et qu'il jouit, malgré cela, d'une très-bonne santé. D'un autre côté, comment peut-on s'imaginer que le bétail n'a pas besoin, autant que l'homme, d'un air pur ? N'ai-je pas ouï dire qu'une cuirasse de fumier (de bouse), épaisse de 2 pouces, recouvrant une grande partie du corps, était un moyen de santé, un préservatif contre les mouches et l'indice d'un bon engraissement ? Quant au bouc, placé à côté des bêtes à cornes, il est là pour pomper les miasmes, se charger des causes des maladies ! c'est un véritable bouc émissaire. Les araignées ont, dit-on, pareillement la faculté d'absorber le venin des étables, outre qu'elles enlacent dans leurs filets les insectes ailés qui tourmentent le bétail. On conçoit que de grossiers paysans respectent les araignées sous le premier de ces rapports, mais comment se fait-il que des vétérinaires les tolèrent sous le second ? Il est cependant bien facile de voir que les toiles d'araignées qui tapissent hideusement les étables mal tenues, n'arrêtent pas la vingtième partie des mouches qui y pénètrent ; tandis qu'on les empêcherait presque toutes d'entrer, si l'on plaçait aux fenêtres, des châssis de toile dont les mailles n'auraient que la largeur nécessaire pour laisser pénétrer l'air et la lumière.

« Sous le rapport de l'économie, il y a bien quelques avantages à laisser le fumier dans les étables pendant un certain espace de temps ; il y éprouve une fermentation favorable. Aussi, d'après la méthode flamande, qui se lie à une *stabulation* permanente, les fumiers ne sont extraits des étables que tous les dix ou quinze jours ; mais ces fumiers sont poussés tous les matins dans un fossé creusé dans l'étable, derrière les animaux, auxquels on donne une abondante litière, et qui, par conséquent, ne se couchent pas dans la fange : ils sont soi-gneusement étrillés. Les vaches laitières de M. de Fellemberg sont dans des étables de ce genre ; mais on excite vigoureuse-ment chez elles la transpiration cutanée, et on stimule tout l'organisme en les étrillant trois fois le jour, et on laisse se re-nouveler l'air qu'elles respirent. Malgré ces précautions, le sage et savant Mathieu de Dombasle déclare, dans ses *Annales*, « qu'il ne pousserait pas aussi loin ce système pour les vaches « qu'il voudrait conserver ; mais que s'il s'agit de bêtes qui n'ont « plus que quatre ou cinq mois à vivre, et qu'on veut pousser au « plus haut degré de graisse le plus promptement possible, il n'y « a nul doute que cette méthode ne soit la plus convenable. »

« L'engraissement étant une maladie qui conduirait à la mort, si elle ne se terminait à la boucherie, il est favorisé par les causes débilitantes; il doit être plus rapide dans un air hu-mide et stagnant, mais ses produits ne sont pas si avantageux quand on les obtient de cette manière. Les bouchers de Lyon achètent plus cher, à poids égal, les bœufs du Charolais qui viennent des herbages, que les bœufs engraissés de pouture dans les étables infectes de la Bresse. Les premiers font moins de déchet et leur viande se conserve plus longtemps. Les bœufs qui s'engraissent dans le fumier sont, plus que les autres, sujets à l'indigestion et à la cachexie. Quant aux bœufs de tra-vail, ils ne peuvent trouver dans ce cloaque qu'un repos in-complet, même fatigant ; les veaux d'élève y réussissent diffi-cilement. J'y ai vu des vaches affectées tantôt d'inflammation, tantôt d'ulcères aux pis. Elles donnaient avec douleur un lait quelquefois plus abondant qu'à l'ordinaire, mais mélangé de jus de fumier, de sang et de pus.

« J'ai signalé, il y a quelques années, dans la Bresse, une espèce de maladie du bétail, que j'avais nommée *fièvre d'étable* à cause de son origine et de son analogie avec la fièvre des hô-pitaux et des prisons de Pringle. La plupart des vétérinaires la regardaient comme une variété du CHARBON ESSENTIEL de Cha-bert, et aux yeux de quelques-uns elle est devenue tout natu-rellement une GASTRO-ENTÉRITE. Quelle que soit sa nature, elle se déclare dans les étables mal tenues, vers la fin de la belle saison, quand le bétail cesse de pâturer. La transition brusque d'un régime à l'autre contribue à son développement. Il est facile de concevoir que des animaux qui passent leur vie dans une atmosphère infecte, résisteront mieux à son influence que ceux qui s'y plongeront en sortant d'un air pur : les premiers finissent par s'acclimater dans un foyer d'infection. On a observé que le bœuf de travail et le taureau résistaient moins que les vaches aux miasmes des étables mal tenues : les uns y contractent des inflammations suraiguës, avec tendance à la gangrène; les autres, des péripneumonies catarrhales, ou la phthisie tuberculeuse. Je ne parle pas d'autres maladies, telles que la pourriture des pieds, le rhumatisme, toutes les variétés de maladies si communes parmi le bétail, et nommées bizarrement CHARBON.

« On les a souvent considérées comme des ENZOOTIES, et on a vu leur origine dans une *stabulation* vicieuse. Tantôt on les a regardées comme contagieuses, tantôt on leur a refusé ce caractère. Je suis porté à croire que la plupart des maladies peuvent, dans certaines circonstances, devenir contagieuses, et qu'aucune ne l'est d'une manière absolue.

« Toute contagion supppose des circonstances favorables à son développement, et ces circonstances abondent dans une étable mal tenue. Les éléments matériels de la contagion, qu'elle qu'en soit la matière, saturent un air stagnant; ils s'attachent aux murs, aux planchers, aux meubles, aux ustensiles, aux harnais; ils corrompent les aliments et les boissons; ils sont absorbés par les pores cutanés, pénètrent par les voies de la respiration, par celles de la digestion ; ils sont recélés dans les crevasses des murs, les fissures des bois, sous le sol. Lorsqu'une étable est ainsi empoisonnée, les moyens préservatifs et curatifs sont bien difficiles à appliquer, bien souvent impuissants, et la désinfection elle-même est bien rarement complète ; c'est ce qui fait que dans un pays voisin, dont le bétail fait toute la richesse, on démolit, on rase les étables où ont régné des contagions.

« On ne peut fixer le terme où les molécules infectantes perdent leur activité funeste. J'ai vu dans une commune du département du Rhône, une contagion charbonneuse cantonnée dans une étable; elle avait enlevé trente ou quarante animaux à de longs intervalles ; ceux qui y naissaient, ou qui n'avaient pas été atteints dans les premiers mois de leur séjour, s'y acclimataient. Tout cela était attribué à un sort jeté sur l'étable, et non à une permanente infection charbonneuse.

« Il est à remarquer que la contagion n'a pas pénétré dans les étables du voisinage : comment ne pas lui reconnaître le caractère d'une affection locale de l'air, et ne pas voir le foyer de cette infection dans les poutres, les murs, le plancher, le sol ?

« Je n'avais pas tout à fait conseillé de raser l'écurie, mais seulement de renouveler les poutres et les planchers, de racler les murs et de les recrépir, de mettre au feu crèches et mangeoires, qui d'ailleurs étaient en assez mauvais état ; de passer à une forte lessive ce qui était capable de l'être ; de faire chauffer jusqu'au rouge ce qui était en fer ; de creuser le sol à la profondeur d'un pied, en assurant qu'on se procurerait un excellent engrais, et qu'un pareil curage périodique, auquel succéderait un remblai de terre sèche, serait dans tous les cas, indépendamment de la salubrité, une excellente pratique agronomique. »

En ces conditions, disons-le bien haut, il est fort heureux que la stabulation permanente ne soit pas un fait universel. La tendance générale y mène cependant, et dès aujourd'hui le gros bétail vit beaucoup plus à l'étable qu'autrefois. C'est un motif de plus pour que son habitation soit désormais construite et disposée d'une manière plus conforme aux meilleures prescriptions de l'hygiène.

Cette nécessité n'est pas contestée, mais beaucoup passent à côté en détournant les yeux. On a compris néanmoins que la tenue et le bon entretien des bêtes bovines ont aussi leurs exigences, que la satisfaction intelligente de celles-ci contribue pour une large part à des résultats plus complets. Le bœuf de travail qu'on loge à l'étroit et qui ne peut se reposer tout à son aise, répare mal ses forces, fait un service moins profitable, et sollicite plus hâtivement sa réforme ; il devient plus difficile à engraisser, et ne prend pas, avec l'âge, toute la valeur qu'il aurait pu acquérir. La vache laitière qu'on ne tient pas dans une bonne étable ne donne pas la totalité du rendement qui la rendrait précieuse en des circonstances plus favorables. Les produits bien venants ne sont pas ceux qu'on loge mal. L'habitation en un mot, nous insistons, exerce une influence considérable. Ici, on l'a plus particulièrement senti, apprécié, sur les animaux à l'engrais ; mais d'où qu'il vienne, l'enseignement est précieux.

Quelle que soit donc sa destination, et à tous les âges, la bête bovine veut être sainement et commodément logée. Toute habitation qui ne répond pas dans une juste mesure à ses besoins, met obstacle à l'épanouissement des actes de la vie et, conséquemment, à l'étendue des forces chez le travailleur, à l'abondance et à la richesse du lait chez la laitière, au développement rapide des jeunes et à l'engraissement de tous.

Après avoir satisfait aux conditions de salubrité qui dépendent de l'emplacement, aux conditions de l'orientement et du choix des matériaux de construction, toutes choses sur lesquelles nous n'avons plus à revenir, il faut se préoccuper très-sérieusement de l'aération des dimensions du local et de ses dispositions intérieures. Chacun de ces points a de nombreux rapports avec ceux qui leur correspondent dans l'aménagement des écuries, mais les besoins ne sont pas tout à fait les mêmes ici, et donnent lieu à des particularités qui nous forcent d'entrer dans quelques détails.

1. L'AÉRATION.

Question préalable.— Encore l'oxygène.— Un peu de physiologie. — Le droit à la respiration.— Un art nouveau.— Air chaud et raréfié. — Les fausses inductions. —Accessoire et principal.

L'éleveur, l'architecte, l'entrepreneur quelconque de constructions rurales, ont été jusqu'à présent si étrangers à la physiologie, qu'en déterminant les dimensions à donner aux étables, eu égard à l'espèce et au nombre des animaux qu'elles doivent recevoir, ils n'ont pas seulement songé à tenir compte des besoins les plus impérieux particuliers à chacun d'eux. On est donc forcément ramené à cette question essentielle dès qu'il s'agit de loger les animaux. Elle s'est présentée à l'occasion des écuries, comme elle se présente tout d'abord ici, comme elle se représentera toujours, car nous ne saurions, en traitant un pareil sujet, faire un pas avant de l'avoir préalablement vidée, résolue. Ceci témoigne simplement de son importance.

C'est que tous les animaux, on l'a dit avec raison, ont besoin pour vivre et pour produire, celui-ci des forces, celle-là du lait, cet autre de la viande et de la graisse, d'une quantité variable d'air qui varie en raison de sa destination et du genre d'alimentation qui lui est propre.

Ceux dont la nourriture se compose de fourrages secs, riches en carbone, en hydrogène, emploient de plus fortes quantités d'oxygène que ceux dont le régime consiste en substances aqueuses, herbes ou racines. Les carnivores, qui vivent de corps gras, respirent plus largement ou plus activement, et usent plus d'air, c'est-à-dire plus d'oxygène que les herbivores. Réciproquement, plus les animaux inspirent d'oxygène, plus ils mangent et plus ils ont besoin d'aliments riches et substantiels.

Que si nous faisons application de ces données à la pratique, nous verrons que les animaux placés et maintenus dans un air pur, vif et froid, consomment des rations plus fortes que ceux que l'on tient dans un milieu opposé, chaud, humide, à air dilaté ou raréfié.

La physiologie donne du fait cette explication rationnelle : dans le premier cas, une plus grande partie de la nourriture ingérée est brûlée pour réparer les pertes plus considérables de chaleur animale, d'où il suit que plus d'aliments ne nourrissent pas davantage ; qu'ils donnent moins de lait, qu'ils produisent moins de graisse.

La conséquence est facile à tirer : les bêtes de rente, dénomination peu fondée, mais usitée, en d'autres termes celles

qu'on soumet à l'engraissement ou que l'on entretient en vue
de la sécrétion du lait, veulent une habitation plus chaude que
froide, plutôt humide que trop sèche, et tellement salubre,
qu'il ne soit pas nécessaire d'y établir une ventilation très-
active. L'observation a depuis longtemps transmis cet enseignement à la pratique ; mais la pratique l'a faussé. Elle a demandé une température plus haute à l'accumulation du nombre,
non aux bonnes dispositions du local, et elle a fait l'insalubrité
de l'air là où l'air ne doit jamais cesser d'être respirable, c'est-
à-dire propre à l'amplitude de la vie. Il faut arriver à diminuer
la proportion de l'oxygène de l'air dans les habitations des animaux de rente, sans mêler à sa composition des gaz qui en
altèrent les qualités. S'il est avantageux pour eux, dit M. Magne,
que l'air de leurs étables contienne plus l'humidité que celui
du dehors, et peut-être un peu moins d'oxygène, il ne doit
jamais renfermer des corps fétides, putrides, ni un excès trop
considérable d'azote ou d'acide carbonique. Sous l'influence
d'une atmosphère impure, la vitalité des animaux est moins
grande, leur constitution s'altère, et ils sont plus impressionnables aux causes de maladie. Une affection qui serait sans
gravité sur un individu bien tenu, revêt promptement les caractères typhoïdes sur celui qui respire un mauvais air..... Les
effets d'un aérage insuffisant sont plus nuisibles aux animaux
fortement nourris qu'à ceux qui sont dans la pénurie.

Voilà donc un art nouveau en quelque sorte pour le prati-
cien, et qui consiste à combiner judicieusement l'aération et
l'alimentation de manière à donner à chacun, suivant sa destination, et la quantité d'oxygène, et la température, et la somme
de nourriture, qui doivent l'amener sûrement à la production
la plus abondante en maintenant la santé toujours florissante.

L'atmosphère chaude et humide pousse à la mollesse ; par
cela même, elle irait à l'encontre des convenances en ce qui
concerne les animaux de travail, non-seulement à raison de
ses effets physiologiques, mais aussi à raison du brusque changement qui s'opère dans l'économie lors de la sortie à l'air
libre des animaux au temps des pluies et des vents froids.

Les élèves, enfin, qui exigent une température douce pendant
le premier âge, doivent être ensuite ramenés à une autre condition, lors surtout qu'ils sont destinés à devenir des animaux de
fatigue. L'air chaud et raréfié, qui convient si bien à la production de la viande et du lait, ne suffirait pas à fonder une constitution forte et résistante, ni même à développer les masses charnues qui font plus tard de beaux et bons animaux de boucherie.

Ces considérations sont d'autant plus importantes, que la
théorie ne peut préciser autant qu'il serait nécessaire. Elle
dira bien quelles dimensions il faut donner à la bouverie, à la
vacherie et à l'étable des veaux, mais l'activité de l'aération
ne peut y être uniforme ; elle doit varier beaucoup, au contraire, suivant les vues plus ou moins prochaines ou actuelles
soit de l'éleveur, soit du nourrisseur sur les animaux qu'il
possède et qu'il doit toujours acheminer, en fin de compte,
vers une destination commune, la boucherie. On a inféré de là
que les bêtes bovines n'avaient jamais besoin d'habitations aussi
vastes, aussi aérées et aussi sèches que les chevaux. Nous dirons de même, si on ne prend pas trop rigoureusement à la
lettre la signification de ces mots, si on ne leur fait dire que ce
qu'il est rationnel de leur faire dire, car trop d'espace ne convient pas non plus au cheval. Donnons aux animaux de l'espèce
bovine toute la place qui leur est nécessaire, et cherchons ailleurs que dans l'exiguïté des logements les bonnes conditions
d'aération qui deviennent si essentielles ici. Un peu plus ou
un peu moins de hauteur et de largeur soit aux fenêtres, soit
aux portes, ne sont pas choses qui méritent attention ; elles
peuvent même détruire sans aucun avantage la belle ordonnance des bâtiments ; l'activité du renouvellement de l'air ne
tient pas aux quelques centimètres de moins qu'on donne à ces
ouvertures, mais au degré qu'on observe lorsqu'on les fait fonctionner, et à la modération qui dirige les effets du ou des appareils de ventilation.

Établissons portes et fenêtres comme pour une écurie ou à
peu près, les différences autorisées ne peuvent qu'être acci-
dentelles ou de circonstance, mais ayons soin de les fermer en

été par des châssis portant un canevas protecteur contre les insectes et la trop grande vivacité de la lumière, doublons-les de rideaux en laine ou de paillassons épais, en hiver, pour prévenir des abaissements de température défavorables au but qu'on poursuit, à l'abondance des produits qu'on attend.

Ne changeons rien non plus au plafond ; les besoins sont les mêmes et demandent à être satisfaits de la même manière, par les mêmes moyens.

Reste l'établissement de l'aire. Ici la question se complique en certains cas et nous lui prêterons une attention nécessaire.

II. L'AIRE DES ÉTABLES.

Le pied et le sol. — Les exigences diverses.— Il s'agit du fumier ; — grosse affaire.— Une étable belge.— Les planchers à claire-voie.— Le lit de camp.— La rigole.— Les lavages.— Le purin.— Les fosses. — L'accumulation des fumiers.— Nécessité fait loi.

A ne considérer que le pied, le bœuf montre à coup sûr moins d'exigences que le cheval à l'écurie, aujourd'hui surtout qu'il n'est plus appliqué au roulage et qu'il ne va plus guère qu'en waggon, des contrées de production ou d'engraissement aux grands centres d'approvisionnement. De la destination différente des animaux, de leur mode d'emploi si différent aussi résultent le fait. En thèse générale donc, le sol de l'étable ne demande ni autant de résistance, ni autant de soins d'entretien que celui de l'écurie. Un simple cailloutage, une couche de béton, un briquetage à plat même, d'autres procédés encore, s'offrent au libre choix du constructeur, et remplissent convenablement le but qu'on se propose si, quant à sa surface, l'aire se présente unie, sans excavation d'aucune sorte, non glissante, imperméable et pas plus inclinée que de raison de l'avant à l'arrière de l'animal, dans le sens de la longueur du corps.

Mais entre les divers produits qu'on attend de l'exploitation intelligente de l'espèce bovine, lors surtout qu'on la soumet à la stabulation permanente, on compte le fumier pour une bonne part. Or, la production abondante de celui-ci est une nécessité de plus en plus marquée pour l'agriculture, l'un de ses besoins les plus impérieux et les plus constants.

D'autre part, la qualité de ce produit dépend essentiellement de la manière dont il est fabriqué, et l'expérience a prouvé qu'on l'obtient à la fois en quantité beaucoup plus grande et en qualité très-supérieure lorsqu'on le laisse se faire en s'accumulant sous le bétail que lorsqu'on l'extrait journellement de l'étable pour le déposer au dehors, à moins d'attentions spéciales qu'on trouve plus commode de n'avoir point. Il en résulte alors qu'on sacrifie un peu à l'hygiène, au profit des engrais, et que l'aire de l'habitation doit présenter des dispositions particulières mieux appropriées à ce but si bien défini : — production abondante et confection perfectionnée du fumier.

Le séjour prolongé du fumier dans les étables n'est donc pas toujours le résultat de la négligence ; il devient parfois un calcul, la conséquence d'un système. D'autres fois, il est en quelque sorte forcé, indépendant de la volonté : c'est ce qui arrive dans les contrées montagneuses, aux hivers longs et rudes, où la neige couvre longtemps la terre.

Dans l'un et l'autre cas, il y a avantage à disposer les étables de façon que l'accumulation des fumiers ne puisse nuire à ses habitants, de façon aussi que la production de l'engrais en retire tout le bénéfice voulu.

La Belgique, qui apprécie à toute sa valeur le bon conditionnement des fumiers, offre sous ce rapport un excellent exemple à suivre.

Voyons donc ce qu'on y fait.

Le fumier est laissé dans les étables, non pas sous les animaux, mais en tas élevés derrière la place qu'ils occupent ; il n'en sort que pour être transporté sur les terres. Cette méthode, il faut bien le reconnaître, évite des frais de déplacement et de manipulation qui ont leur importance ; elle est surtout favorable, nous le répétons, au développement de toutes les qualités fertilisantes dont le fumier est susceptible. Schwertz, qui en était grand partisan, l'apprécie en ces termes : « Tandis que le vent et le soleil dessèchent le fumier dans la

cour, que le défaut d'humidité, la décomposition des substances
un peu résistantes ; tandis qu'une trop grande humidité dérange
et arrête sa fermentation, que les averses le délavent, le fumier
dans l'étable se bonifie sans cesse : abreuvé de sa propre humidité, nourri de sa propre graisse, il gagne chaque jour en
qualité, et ne perd que très-peu de son volume. »

Le sol d'une pareille étable doit être imperméable et concave,
car il doit retenir la totalité des déjections et pouvoir admettre
l'abondance de litière d'où résulte l'abondante production et la
possibilité d'une grande accumulation de fumier.

Voici, d'après Schwertz, le plan et la coupe de l'une de ces
étables : les mêmes lettres s'attachent aux mêmes indications
dans les figures 49 et 50.

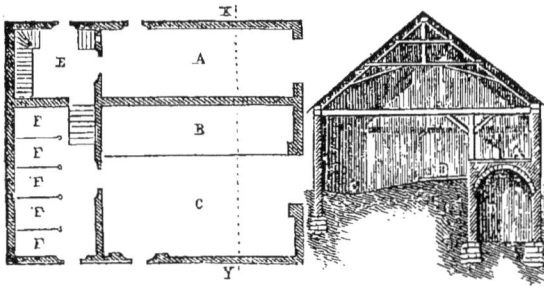

Fig. 49 et 50. Plan et coupe d'une étable belge.

A est un trottoir sur lequel on dépose les fourrages ou les
baquets contenant les aliments liquides à donner aux animaux ;
le bétail a son emplacement en B ; — C est la partie concave du
sol sur laquelle on pousse et l'on accumule le fumier de chaque
jour. En D l'on voit une galerie voûtée pour la conservation
de l'approvisionnement des racines ; E montre un vestibule et
un escalier conduisant par le bas dans la galerie aux racines,
et par le haut dans les parties supérieures du bâtiment ; enfin
on trouve, en F, F, les loges pour les veaux.

Cette disposition d'étable, nous l'avons dit, aurait sa raison
d'être dans certains pays montagneux, comme elle l'a jusqu'à
un certain point dans les localités belges à l'agriculture la
plus avancée.

Nous la préférons de beaucoup, par exemple, au système de plancher à claire-voie qu'on a tant préconisé il y a quelques années, et que nous considérons presque comme le pire de tous. Nous en avons donné une première idée dans la figure 18 et nous en parlerons plus en détail en nous occupant de la bergerie, pour laquelle il ne convient pas davantage. Disons pourtant comment il fonctionne et comment on peut l'établir.

L'objet de la claire-voie est simple et s'explique aisément. En permettant aux déjections animales de tomber dans une fosse sous-jacente et les empêchant de souiller le sol, ces planchers devaient procurer aux bestiaux un lit de repos suffisant, avec une grande économie de litière. Ces planchers consistaient en des espèces de grils formés de pièces de charpente en chêne, portant environ 0^m,06 d'équarrissage et laissant entre elles des intervalles de 0^m,02 à 0^m,03 de largeur ; ils étaient mobiles et reposaient sur de petits murs formant les côtés d'une fosse pavée et creuse de 0^m40 à 0^m,50. Cette fosse était placée de manière à se trouver sous la partie postérieure de l'animal, à 1 mètre environ du râtelier ; sa largeur était de 1^m,50, et sa longueur celle de l'étable. Elle devait recevoir non-seulement les déjections, mais encore de petites quantités de cendres ou de poussières de diverses natures ; quand elle était à peu près pleine, on soulevait le plancher mobile pour la vider. Le sol de la fosse pouvait être incliné de manière que les parties liquides se rendissent dans des fosses à purin.

L'expérience n'a pas justifié ce que l'on attendait de ce système ; il est peu favorable à la santé des animaux. En Angleterre, on l'adopte quelquefois pour les jeunes veaux mis à l'engrais ; il ne pourrait, dans aucun cas chez nous, être utilisé pour des animaux servant à la reproduction ou au travail.

A ces observations très-fondées que nous tirons du Traité des constructions rurales de M. Bouchard-Huzard, nous ajouterons que nous voici bien loin du système rationnel d'une production abondante des fumiers.

Le plancher à claire-voie est celui de la cage des petits oiseaux, mode très-assujettissant pour sa propreté. Quant à l'économie de litière qu'il peut procurer, elle n'est point à sa place ici, dans les fermes, où l'on ne fait pas assez, où l'on ne fera jamais assez de fumier. Partout ailleurs, dans les villes, par exemple, on ne supporterait pas l'inconvénient des exhalaisons qui s'échapperaient constamment de la fosse aux excréments.

L'expérience ne pouvait pas sanctionner un tel système. La pratique fera donc bien de l'oublier partout ; car il ne convient réellement pour aucune de nos espèces domestiques.

Le sol de l'étable se construit encore différemment. Ainsi on le recouvre de madriers inclinés en lit de camp, de manière que la fiente et les urines arrivent facilement dans une rigole placée en arrière du plancher. Une inclinaison légère suffit à ce résultat. Quant à la rigole, on lui donne communément $0^m,08$ de profondeur sur $0^m,20$ de largeur.

Ce mode est particulièrement usité sur nos montagnes de l'est, où l'on pratique en grand le système pastoral, où conséquemment la paille est peu abondante et où l'on n'accorde pas au fumier la même valeur que partout ailleurs.

Pour nettoyer la rigole on emploie un instrument spécial, une manière de racloir qui la remplit et qu'on passe dedans d'un bout à l'autre. On en chasse ainsi toutes les matières qui ont un lieu de dépôt, soit une fosse à ce destinée. Mais ce n'est là qu'une opération préliminaire. Pour obtenir une propreté convenable, on est obligé de laver la rigole tous les jours et aussi le plancher de temps à autre. Voilà une nécessité qui ne nous plaît guère. Presque tous les écrivains recommandent à la suite de laver le sol des écuries. Pourvu qu'on ne perde pas une goutte de l'eau employée à cet effet, et qu'on augmente la quantité du purin, ils sont satisfaits. Ils ne s'aperçoivent pas de la masse d'humidité que, sous prétexte de nettoyage, ils renouvellent ainsi dans l'habitation à tout propos et hors de propos. Nous avons dit les effets désastreux de l'humidité sur l'économie animale ; elle affecte de la même manière tous nos animaux, et l'on ne saurait prendre trop de précautions pour l'éloigner des étables de toutes sortes. Cela fait que nous repoussons la pratique des lavages, à moins qu'on ne les effectue en l'absence des animaux, et que le séchage puisse être complet avant leur rentrée chez eux.

Ajoutons cependant que le besoin de purin se fait sentir dans les contrées où l'on ne produit pas abondamment le fumier et qu'on attache à sa récolte un soin presque égal à celui qu'ailleurs on apporte à un bon conditionnement des fumiers. Voilà d'où vient l'habitude des lavages bien plus encore que du besoin de propreté, lequel est réel pourtant.

Le mode d'alimentation des animaux de l'espèce bovine rend leurs déjections liquides beaucoup plus abondantes que dans l'espèce chevaline. Aussi est-on généralement forcé de placer en arrière des premiers et tout près de l'emplacement qui doit leur être réservé, la rigole dont nous venons de parler, en indiquant la profondeur et la largeur à lui donner. Nous l'avons passée sous silence en traitant des écuries, où elle n'a pas la même utilité, bien que tous les auteurs la réclament, et que nombre de constructeurs la ménagent et la creusent dans l'aire de ces habitations. A l'exception de la forte jument de trait, lorsqu'elle consomme une grande quantité de vert très-aqueux, la femelle du cheval n'urine pas assez abondamment pour nécessiter ces rigoles d'écoulement que nul n'oublie, et qui sont bien moins nécessaires que nombre d'autres attentions auxquelles on ne songe même pas. Quant au cheval, il s'en passe plus facilement encore. Il n'en est pas de même de la vache, qui inonde le couloir, la rue de son étable, si l'on ne retient pas ses urines dans une véritable rigole qui la conduit au dehors, à moins que l'aire, sur l'emplacement occupé par les animaux, ne soit beaucoup plus basse que le trottoir lui-même. Cette disposition est encore assez usitée dans les contrées où on laisse pendant des semaines le fumier sous le bétail. Alors les urines restent dans la masse et contribuent beaucoup à l'améliorer, à la parfaire.

Dans ce cas on ne se contente pas toujours d'avoir une aire d'étable en contre-bas, et lorsque la couche du fumier est arrivée à la hauteur du couloir de service, on la laisse encore, et la masse s'élevant chaque jour, le couloir se trouve bientôt plus bas à son tour. Alors les râteliers sont mobiles, et on les exhausse à mesure que s'élève la couche elle-même. Nous reviendrons sur ce fait pour dire quelles dispositions présentent ces sortes de râteliers.

Quant à la rigole, pour en finir avec elle, nous la subissons comme une nécessité dans certaines vacheries, mais nous la repoussons toutes les fois qu'elle n'est pas indispensable dans les autres habitations, et parce qu'elle nécessite des lavages dont nous avons dit les inconvénients, et parce qu'elle étale sur une grande surface des liquides qui, fermentant rapidement, emplissent l'intérieur de gaz irrespirables que les moyens de ventilation ne parviennent pas toujours à entraîner aussi complétement qu'il le faudrait.

III. LES DIMENSIONS ET L'AMÉNAGEMENT INTÉRIEURS.

Le contenu et le contenant. — Une économie mal entendue. — Les petites races et les grandes races. — Un singulier mode d'attache. — Les mauvais coucheurs. — Où il y a de la gêne il n'y a pas de plaisir. — Le *carcere duro*. — Le nécessaire. — Les dispositions intérieures. — Les corridors pour l'alimentation. — Les rues de l'étable. — Un bon modèle. — Les étables en Limousin. — Les *cornadis*. — Un couloir central. — Crèches et râteliers. — La peur des gloutons. — Les pertes qu'il faut éviter. — Les vices d'installation. — Ayez horreur du vide. — Une singulière imagination. — Les séparations. — Les stalles pour la vacherie et pour les bêtes à l'engrais. — Les stalles en bois et les stalles en fer. — L'abreuvoir intérieur. — Une particularité. — La forme circulaire. — Une coupe et un plan. — *Post-scriptum.*

I. *Les dimensions.* — Le contenu doit être plus petit que le contenant ; c'est élémentaire.

On n'a sûrement pas la prétention de renverser cette règle quand il s'agit de loger le bétail, et pourtant on agit comme s'il était possible de l'éviter, comme si l'on pouvait faire que le contenant fût moins grand que le contenu.

On mesure si étroitement l'espace à chaque bête dans tous les sens du local — hauteur, longueur et largeur — que les animaux y étouffent faute d'air respirable, et qu'ils n'y ont pas

P.

la place rigoureusement nécessaire à leurs besoins : tout cela pour éviter quelques frais de construction.

L'économie est mal entendue et plus apparente que réelle. Elle constitue même l'éleveur en perte ; car il la paye cher par une réduction de produits proportionnée à l'état de gêne et au malaise constant qu'il inflige à tort à ses animaux, à ceux même dont il attend le plus.

Il est évident que les petites races prennent moins de place à l'étable que les grandes, que la petite vache bretonne, par exemple, ou celle du Gévaudan, ont, sous ce rapport comme sous plusieurs autres, beaucoup moins d'exigences que les bœufs nantais ou que les vaches cotentines ; mais on n'a pas l'air de s'en apercevoir, et l'on s'arrête assez généralement partout à cette idée qu'on a bien fait les choses lorsqu'on a donné de 9 à 10 mètres de longueur à une étable destinée au logement de dix à douze têtes. Ce ne serait assez que pour les animaux des plus petites tailles ; les autres demandent davantage ; et ceux qui vont jusqu'à 1^m,50 par tête ne sollicitent vraiment rien d'excessif. Admettons ceci comme une nécessité, comme devant être la règle, et n'en retranchons que le moins possible, si, par une circonstance quelconque, nous sommes forcés de nous restreindre. En dehors de l'économie ruineuse qu'on fait sur les frais de premier établissement, quels avantages peut-on attendre d'un emprisonnement aussi étroit ? Il n'y a que des inconvénients à serrer autant les animaux les uns contre les autres ; ces inconvénients sont trop bien reconnus ; rien n'est plus aisé que d'y remédier, et l'on n'en prend aucun soin.

N'est-ce point étrange ?

« Dans les étables, dit M. Magne, on compte par bœuf de 1 mètre à 1^m,30 de largeur, selon la taille des animaux ; pour les vaches, un espace 0^m,90 à 1 mètre est suffisant. Dans le Bazadais la place de chaque bœuf n'a en général qu'un mètre. Dans les montagnes, on donne moins d'espace encore ; et, pour prévenir les accidents qui peuvent résulter des coups de cornes, on attache la bête la plus forte, celle qui fait fuir toutes les autres, à une extrémité ; ensuite celle qui vient après pour la force,

et ainsi de suite ; de sorte que la plus faible se trouve à l'extrémité opposée. De cette manière les animaux se portent tous,
autant que la longueur de la longe le permet, du côté de l'animal le plus faible, qui peut s'écarter pour éviter son voisin. »
On a donc affaire ici à des animaux turbulents, à de mauvais
coucheurs, contre lesquels il faut savoir protéger les faibles.
Le remède est-il bien choisi? Un espace suffisant à chacun
nous paraîtrait un moyen plus rationnel et plus efficace, sauf à
y joindre une ou deux séparations pour les tyrans. Ce qui fait
ces derniers, c'est le désir d'être bien, le besoin d'avoir les coudées franches ; les cornes ne jouent guère que pour conquérir
l'espace qui manque. Les tyrans de l'étable sont des animaux
sans gêne qui prennent toutes leurs aises, sans s'inquiéter de
la peine ou de l'embarras qu'ils causent au prochain. Donnez-
leur volontairement ce qu'ils sont décidés à obtenir de façon ou
d'autre, et vous supprimerez du même coup tous les inconvénients et tous les dangers du *carcere duro*.

On ne se montre pas beaucoup moins parcimonieux dans
l'autre sens, suivant la longueur même de l'animal. Nous voyons
des calculs rigoureux qui s'arrêtent à 3^m,70 et 4^m,50. Nous ad-
mettrions plus volontiers ces deux extrêmes : 4^m,30 et 5 mètres
pour des étables simples ou à un seul rang, et de 8 à 9 mètres
pour les étables à deux rangs.

On compte généralement 0^m,80 pour les crèches, et 2,^{m}50
pour les animaux, soit 3^m,50 ; le reste forme la rue de l'écurie,
dont la largeur doit surtout répondre aux besoins du service.
Plus l'étable renferme d'animaux, et plus la rue doit être large ; la
multiplicité des portes rachète un peu cette exigence, en facilitant
tous les mouvements, toutes les allées et venues nécessaires.

La disposition des rangs d'animaux dans les étables varie tout
autant et de la même manière que dans les écuries.

Ainsi l'on fait :

Des étables simples, dans lesquelles un seul rang de bêtes se
trouve placé, la tête au mur, dans le sens ou de la longueur
ou de la largeur du bâtiment ;

Des étables longitudinales et transversales doubles, dans lesquelles les animaux peuvent être placés, tête à tête, dans le milieu de l'habitation, ou croupe à croupe, la tête aux murs, comme nous l'avons indiqué pour les écuries ;

D'autres encore, dont les rangs, opposés tête à tête, sont séparés par un couloir de service.

2. *Des dispositions intérieures.* — Celles-ci s'expliquent d'elles-mêmes, à présent que le lecteur peut se reporter aux figures précédemment données. Elles ne présentent tout au moins aucune difficulté quelconque.

En voici d'un peu plus compliquées, mais qui permettent d'utiliser plus complétement des bâtiments existants ou dont

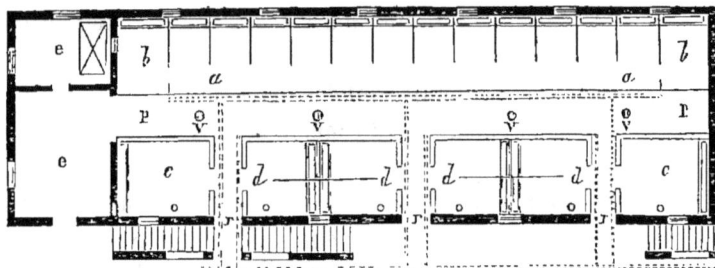

Fig. 51. Plan d'une étable à différentes installations.

la forme a été commandée par l'ordonnance générale de tout un ensemble de constructions.

Étant donné (fig. 51), un intérieur dont la largeur est de 7 mètres, 4 mètres ont été occupés par un rang longitudinal de vaches *aa*, avec deux compartiments particuliers ou boxes *bb* aux extrémités pour les vaches en gésine, comme auraient dit nos pères. En arrière est un long passage PP, en forme de trottoir, avec une rigole d'écoulement indiquée par deux lignes ponctuées et aboutissant à un égout extérieur. Les trois mètres restants, opposés à l'autre partie et venant à la façade du bâtiment, percée de quatre portes et d'autant de fenêtres correspondant aux sept fenêtres du mur du fond, sont divisés transversalement en quatre espaces *cc dddd*, pouvant contenir chacun deux animaux, avec ou sans séparations. Le passage PP dessert également ces parties de l'étable, qui ont, en outre, les voies *rrr*, par lesquelles on arrive aux portes, et leurs rigoles spéciales pour l'écoulement des urines, qui vont se réunir à la première.

A l'une des extrémités de cette construction sont deux pe tites pièces *e, e*, l'une pour le dépôt des aliments et l'autre pour le logement d'un bouvier ou d'un surveillant, qui, de son lit, peut voir tout ce qui se passe dans l'étable. A la rigueur ces deux pièces pourraient être transformées en laiterie, local par-ticulier qui ne saurait nous occuper ici, bien que, dans beau-coup de cas, il soit une dépendance nécessaire de la vacherie.

N'oublions pas les quatre ventilateurs VVVV, placés de la ma-nière la plus favorable pour une ventilation efficace.

Il nous faut revenir aux étables avec corridor pour l'alimen-tation. Cette forme commence à se généraliser, et nous ne sau-rions trop l'encourager. Elle est avantageuse à tous égards. Elle contribue à l'augmentation de l'espace, dans un sens au moins, et livre de la sorte aux animaux un plus grand volume d'air; elle facilite le service intérieur pour tout ce qui concerne la dis-tribution des repas; elle assure aux bêtes plus de tranquillité, puisqu'on n'est plus obligé de passer entre elles pour leur ap-porter leur nourriture; il en résulte enfin une économie de temps et de main-d'œuvre dans le service journalier.

Les corridors, cela va de soi, se placent en avant des animaux, et ne dispensent pas du trottoir qui règne en arrière; car il faut que les bêtes puissent entrer et sortir, que les litières puis-sent être apportées, que les fumiers puissent être enlevés, etc. Ils se placent aussi bien dans les étables à un seul rang que dans celles qui en ont deux, que les rangs soient établis dans un sens ou dans l'autre, longitudinalement ou transversalement, rien de tout cela n'y fait. Leurs dimensions aussi peuvent varier. On leur donne depuis 0^m,80 de large pour le passage d'un homme pous-sant une brouette, jusqu'à 2 mètres pour la circulation de petits chariots ou de petits waggons chargés de nourritures diverses. On pave donc convenablement ce passage en béton, en cailloutis, en carreaux ou en briques, car il doit être toujours propre; ou bien on y établit des rails, un petit chemin de fer, plus commode

encore. Parfois on le tient simplement au niveau du sol de l'é-
table ; d'autres fois, ce qui est mieux, on l'élève à moitié de la
hauteur, ou même jusqu'au bord supérieur de la mangeoire.
Dans ce cas une pente est ménagée à chaque extrémité ou à l'une
d'elles seulement, pour en permettre l'accès facile.

Les corridors pour l'alimentation s'adaptent, on le voit, à
toutes les combinaisons quelconques, et, disons-le, ils complètent admirablement les meilleures dispositions d'un intérieur
d'étable.

Nous aurions pu donner ici de nombreuses figures, mais l'in-
telligence du sujet n'en comporte réellement qu'une seule, et
nous nous y tiendrons, par la raison qu'elle donne par son ensemble toute satisfaction aux yeux et à l'esprit.

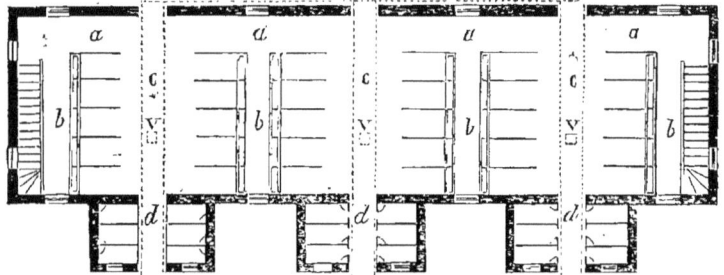

Fig. 52. Plan de la vacherie du Grand-Jouan.

La figure 52 représente la vacherie de l'Ecole impériale d'a-
griculture de Grand-Jouan, si habilement dirigée par M. Jules
Rieffel. Au point de vue général et sous le rapport spécial qui
nous occupe en ce moment, ses dispositions sont faciles à saisir.
Elle offre l'exemple d'une étable composée, et pour chaque rang
un couloir pour l'alimentation. Il y a six rangs d'animaux et
quatre couloirs *bbbb*, dont deux seulement à double effet.

Une rue *aaaa*, de 1m,40 de large, règne dans toute la longueur du vaisseau et met toutes les parties de l'étable en communication facile ; trois allées transversales servent plus directement au service des trente vaches qui remplissent les six
rangées ; ces allées *ccc* communiquent avec l'extérieur par les

deux extrémités, également percées de portes qu'on ouvre ensemble ou alternativement, suivant les besoins.

Toutes les bêtes sont en stalles commodément établies (nous reviendrons bientôt sur ce sujet). Entre chaque vache et sa mangeoire se présente une cloison en planches, avec une ouverture pour le passage de la tête et du cou de l'animal. Cette disposition spéciale, qui mérite une description à part, est une forme particulière à certaines contrées, qu'il serait bon de voir propager davantage ; la figure 53 en donne une première idée que nous compléterons un peu plus loin.

Sur la façade opposée à celle où se trouve la rue longitudinale de l'étable ont été adossés trois pavillons, indiqués au plan (fig. 52) par les lettres *d d d*, et servant à loger les veaux. Chacun d'eux a, en profondeur, 3^m,50 et 5 mètres dans l'autre sens. On y a établi six petites boxes, trois de chaque côté, et en tout dix-huit. Séparées entre elles par une cloison en planches haute de 1^m,25 et fermée du côté de

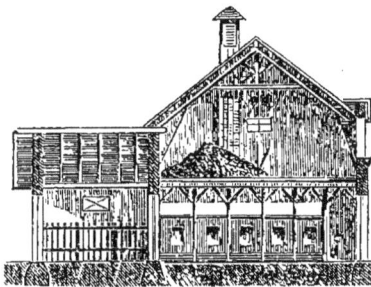

Fig. 53. Coupe d'une partie de la vacherie représentée par la fig. 52.

l'allée transversale sur laquelle donnent toutes les portes, elles mesurent 1^m,15 de large sur 1^m,65 de long. C'est peu d'espace sans doute, mais les jeunes n'y passent que les trois premiers mois de leur vie au plus ; du reste, on pourrait aisément réunir deux loges en une, s'il en était besoin, en enlevant la cloison qui les constitue. La communication est facile et directe entre les boxes des veaux et l'habitation des mères.

Les fenêtres sont en nombre voulu, judicieusement percées et fermées, trois ventilateurs V V V sont installés de façon à assurer les effets d'une ventilation efficace et des rigoles reçoivent, derrière chaque rang, les urines pour les transporter au dehors et dans la fosse à purin ; elles sont indiquées au plan par des lignes ponctuées.

Voilà sans doute un beau et bon modèle à suivre. Ici, toutes les bêtes sont à l'aise, et toutes leurs exigences sont remplies ; le service est commode en toutes ses parties, et la tâche des hommes en est plus facile ; les trayeuses aussi peuvent accomplir leur travail sans aucune gêne pour les bêtes et sans autant de fatigue pour elles-mêmes. Ce sont de grands avantages que ceux-là, et un jour viendra certainement où l'on s'attachera à résoudre, aussi bien qu'elles l'ont été à Grand-Jouan, toutes les parties d'un problème fort simple en soi.

Cependant, l'on verra ici un peu de dépense et beaucoup hésiteront parmi ceux qui n'ont que des ressources très-limitées. C'est encore le grand nombre. A ces derniers il faut des constructions plus modestes, des dispositions moins coûteuses. Ces dispositions existent dans l'une des contrées de France où l'agriculture emploie le moins de capitaux, en Limousin ; elles sont excellentes, et il faudrait peu de chose pour les rendre parfaites. Une courte description et un seul dessin feront bien comprendre tout le système.

C'est à l'une des extrémités de la grange qu'on loge les animaux de l'espèce bovine dans notre Limousin. En cette partie, le sol est creusé de 0m,60 environ sur tout l'emplacement réservé aux animaux. On ne donne pas beaucoup de soin à l'établissement de cette partie, mais on la garnit si bien de feuilles et de bruyères, qu'en fin de compte la couche est épaisse et pas trop dure. Le plafond supérieur, ou plutôt le plancher, est très-bas. On le fait ainsi pour qu'il y ait au-dessus plus d'espace. C'est là qu'on entassera toute la récolte de foin, au-dessus même de l'étable. En arrière des animaux, on n'établit ni trottoir, ni rigole ; les fumiers se font dans l'étable ; on ne les remue jamais et on s'arrange si bien en accumulant les litières, que, dans cette étable si basse et si peu spacieuse, il y a peu d'odeur, bien qu'il y ait beaucoup de chaleur. Les effets de la fermentation, d'ailleurs très-lente à raison des matières qu'on met sous le bétail, sont peu perceptibles et se concentrent dans la masse. A de pareilles étables on ne fait point de fenêtre, mais un trou qu'on tient presque constamment bouché, et la porte n'a rien

de bien luxueux ; elle pêche même, il faut le dire, par toutes ses
dimensions et serait dangereuse si ce n'étaient la prudence et
l'adresse avec lesquelles les animaux procèdent pour sortir de
leur habitation ; elle est toujours placée derrière les animaux.

Voilà ceux-ci logés. Dans l'intérieur, il n'y a rien que la grosse
poutre transversale ou une manière de crèche étroite en pierres
brutes, qui porte les longes d'attache. Ces longes sont fixées
en arrière d'une cloison en planches qui sépare l'étable du
reste de la grange, cloison percée d'autant d'ouvertures ova-
laires que l'habitation doit contenir d'animaux. C'est le *cornadis*. Les bêtes, passant adroitement leur tête par le cornadis,
se trouvent à table jusqu'au menton. Leur table est formée par
l'un des côtés, très-propre et très-soigné, de l'aire à battre les
grains ; elle se trouve à la hauteur de la bouche sans que l'animal ait besoin de baisser ou de lever la tête. C'est donc là que,
de l'intérieur de la grange, on leur sert leur nourriture. Le foin
est à portée, on le tire avec précaution et proprement au moyen
d'un croc, par très-petites quantités à la fois, de façon qu'il
n'y en ait jamais de gâché ; et nous ne voyons nulle part
de mode de distribution plus profitable et plus économique
que celui-là. Il permet de recueillir toutes les graines avec soin,
aucune ne se mêlant aux fumiers, ne va plus tard infester les
terres arables, mais sert, au contraire, au rajeunissement des prairies irriguées sur lesquelles on les répand en saison convenable.

Quand les bêtes sont repues, elles se retirent du cornadis,
se couchent pour ruminer et se reposer à l'abri de toute agita-
tion extérieure.

Nous venons de le dire, les aliments sont pris sur l'un des
côtés de l'aire, établie en face du grand portail. Il en résulte
que les animaux hument, en mangeant, une atmosphère toujours
pure. Aussi n'a-t-on jamais songé ici à établir des ventilateurs
dans l'étable. Une fois la tête rentrée, tout le corps est chaud ;
l'habitation n'est que faiblement éclairée, la vie est calme et
paisible au possible.

La figure 54 montre ce que nous avons cherché à expliquer,
une disposition excellente et bien préférable, suivant nous, aux

diverses autres cloisons du même genre établies ou pleines ou à claire-voie, parce qu'elle ne donne d'ouverture que tout juste ce qu'il en faut et qu'elle laisse aux bêtes tout l'isolement, toute la tranquillité qui leur est nécessaire dès qu'il leur plaît de se retirer chez elles. On ne rencontre ici ni tapageurs ni tyrans. Chacun mange à sa faim, devant soi, sans gourmander les autres, et puis après rumine paisiblement, pour son propre compte, sans chercher querelle à personne.

Voyons pourtant les autres formes de cornadis. Nous retenons l'appellation limousine. On ne nous chicanera pas là-dessus :

Fig. 54. Vue en perspective et en coupe d'une étable limousine.

d'abord nous n'en connaissons pas d'autre, et ensuite elle nous semble être très-appropriée à la chose qu'elle désigne, ces deux raisons sont péremptoires.

La figure 53 offre le genre qui se rapproche le plus du modèle que nous préconisons. Elle est répétée dans la gravure 55 afin qu'on en saisisse mieux les différences. La cloison est pleine, comme celle du Limousin. Au lieu d'établir la communication avec l'aire de la grange, elle sépare les animaux du couloir réservé au service de l'alimentation et repose sur l'un des bords d'une auge en pierre, placée hors de l'étable et dans la-

quelle les bêtes ont toute facilité de venir prendre leurs repas.
Par le haut, elle ne communique pas avec le fenil. Ses ouvertures sont établies en manière de fenêtres mesurant 0m,40 en
largeur sur 0m,60 de hauteur. Ces dimensions sont nécessaires,
mais la forme carrée accroît inutilement la partie vide et n'isole
pas assez les habitants de l'étable du mouvement et du bruit,
du remue-ménage inévitable dans ce corridor. C'est par ce côté
seulement que ce cornadis se montre quelque peu inférieur au
premier, taillé simplement et sans aucune autre façon dans le
plein de la cloison.

Fig. 55. Cornadis de Grand-Jouan (face et profil).

L'inconvénient ici est autant que possible atténué, mais il
apparaît au grand complet dans les trois modes suivants
(fig. 56, 57 et 59).

C'est d'abord (fig. 56) une claire-voie offrant des ouvertures

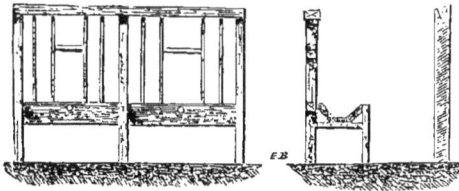

Fig. 56. Cornadis à claire-voie des étables bretonnes.

on tout semblables à celles de la figure 55, formées avec des montants en charpente et présentant des gaules pour remplissage;

Puis (fig 57) des soliveaux allant perpendiculairement du
bord de la mangeoire au plafond, et placés à 0m,40 les uns des
autres. Rien n'est plus simple, mais le cornadis des étables
limousines n'a rien de compliqué et remplit mieux la destination qui lui est propre. Celui que nous lui comparons en ce

moment a été établi à la ferme-école d'Aubussay dans l'aménagement intérieur d'une vacherie bien entendue par ailleurs et
dont la figure 58 donne le type. L'étable est double; ses deux rangs
de bêtes, opposées tête à tête, sont séparés par un couloir qui
dessert les deux rangs. En arrière, sur un emplacement réduit
à leurs proportions sont logés les jeunes, qu'on approche comme
dans les étables ordinaires et qu'on familiarise ainsi avec

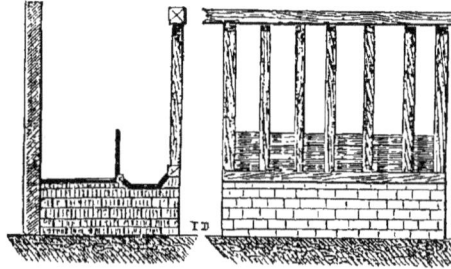

Fig. 57. Cornadis de la ferme d'Aubussay (face et profil).

l'homme dès leur naissance. Cette disposition a son bon côté.
On est souvent obligé de s'en tenir à elle dans la pratique et
l'on ne doit y rien trouver à redire lorsque l'espace est largement calculé, quand l'atmosphère intérieure est chaude et

Fig. 58. Vacherie de la ferme d'Aubussay.

saine, quand la litière est épaisse ; mais que les jeunes sujets
sont mieux lorsqu'il est possible de les placer en boxes et de les
y laisser libres de toute contrainte.

On voit que le couloir central est élevé au-dessus du sol de
l'étable. La pose des mangeoires a été bien comprise, mais
on remarquera que l'on a cru devoir établir, sur le bord le
plus éloigné, une sorte de panneau en planches, qui a deux

fonctions à remplir : — retenir les fourrages qui ne doivent pas sortir de l'auge et empêcher que les animaux se voient. On assure, n'est-ce qu'un préjugé ? que les animaux d'espèce bovine mangent avec moins de profit lorsqu'à table ils se trouvent en face les uns des autres ; on prétend même que cette position déplaît encore plus aux laitières qu'aux autres et qu'elles en donnent moins de lait. Cela revient à dire sans doute que plus on fait le calme et l'isolement autour de ces bêtes, et plus heureuses elles sont, mieux elles vivent et profitent. C'est un argument de plus en faveur de ce que nous disons au sujet des cornadis.

En conséquence, nous ne trouvons ni bon ni complet celui de la figure 59, si simple et si bien entendu qu'on le suppose

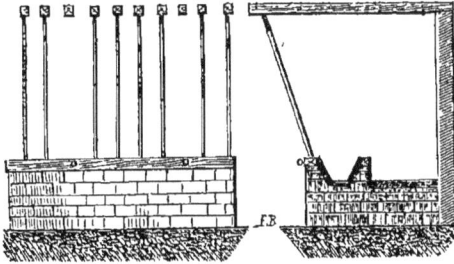

Fig. 59. Cornadis formé de gaules de la vacherie de Dampierre
(face et profil).

du reste. Il est formé de gaules appuyées en bas sur la mangeoire, en haut au plancher supérieur, inclinées en avant, comme le montre le profil de la figure, et écartées de $0^m,25$ entre elles. On en supprime une vis-à-vis de la place que doit occuper chaque bête, et tout est dit. Encore une fois le cornadis limousin l'emporte sur tous les autres, et reste comme le type du genre.

3. *Crèches et râteliers.* Un dernier mot sur les crèches et râteliers dans les étables ordinaires.

La construction de ces meubles n'offre rien de particulier, car ils ressemblent assez à ceux qu'on place dans les écuries. Cependant on supprime souvent les râteliers. Alors on donne plus de largeur à l'auge, dont on ne monte pas le bord à plus de $0^m,40$, en moyenne, au-dessus du sol ; sa largeur intérieure est à peu près la même ($0^m,40$) et sa profondeur peut varier de $0^m,20$ à $0^m,30$. On les fait soit en pierre creusée, soit en planches épaisses, assemblées avec quelque attention, et on les assujettit très-diversement ; ces détails ne doivent plus arrêter. Ils importent peu d'ailleurs au bien-être des animaux ; or ceci, au contraire, est bien la chose essentielle pour nous. Ajoutons, en conséquence, qu'on assure à chaque tête le moyen de consommer, sans conteste de la part de voisins gloutons, la totalité de la ration qui lui est administrée, en séparant l'intérieur de la mangeoire en autant de compartiments que l'étable doit contenir d'habitants.

Il n'est pas indifférent de mettre les animaux en pleine sécurité, quant aux aliments qu'on leur distribue. Celui qui se voit en possession paisible mange plus lentement, opère mieux la mastication, ne s'agite pas, et les aliments lui profitent mieux. Nous n'avions peut-être pas assez insisté sur ce point en parlant des écuries, mais ce que nous disons ici s'applique tout aussi bien au cheval qu'au bœuf.

En cherchant dans la masse de nourriture qu'on leur sert à la fois, les animaux en font souvent tomber une partie qu'ils piétinent et qu'ils gâchent. Bien qu'on ait parfois la précaution utile de ramasser de temps à autre ce qui a été ainsi jeté sur la litière et mis sous les pieds, il y a des pertes à peu près inévitables.

C'est pour prévenir ces dernières qu'on pose des râteliers dans les étables. Ils sont « en bois, dit M. Vial après beaucoup d'autres, à barreaux écartés de 10 à 12 centimètres environ les uns des autres et légèrement inclinés. S'ils étaient trop inclinés, les bêtes seraient obligées de prendre une position gênée pour saisir le fourrage. Ces râteliers sont placés à une hauteur de 40 à 50 centimètres à partir du fond de la mangeoire. Pour être dans de bonnes conditions, ils présenteront de distance en distance des divisions correspondantes à celles des crèches.

« On rencontre des étables où la crèche et le râtelier sont remplacés par un massif en maçonnerie de 50 centimètres de

hauteur sur 1 mètre à 1ᵐ,50 de largeur, s'étendant le long
du mur d'une extrémité à l'autre. Sur l'arête antéro-supérieure
du massif on place une planche de 20 centimètres de hauteur,
légèrement inclinée, qui retient le fourrage déposé sur la plate-
forme. Celle-ci sert en même temps de passage et de mangeoire. On y monte par trois escaliers placés à l'une des extrémités. Lorsqu'on veut faire consommer des matières liquides,
des soupes, etc., on les distribue dans des auges que l'on place
devant chaque animal. »

C'est aussi ce que l'on ferait dans la disposition des étables
du Limousin.

La façon de poser et d'installer la crèche dans l'étable a une
grande importance, par trop méconnue dans la pratique. Nous
nous y arrêtons à dessein. Nous préférons de beaucoup qu'on
établisse ce meuble en dehors, ainsi qu'on a pu le voir quand
nous avons parlé du cornadis ; mais il est bien plus ordinaire
qu'on le laisse en dedans, et il faut bien alors faire ressortir les
vices ou les inconvénients qui résultent d'une mauvaise installation. Est défectueuse, en effet, celle qui, à la place d'un massif quelconque régnant d'un bout à l'autre, laisse un vide en
dessous, un espace sous lequel les animaux peuvent s'engager
plus ou moins lorsqu'ils se couchent, ce qui leur est très-habi-
tuel. C'est la tête qui, dans ce cas, est prise, la tête qui est le
gouvernail, et sans la libre disposition de laquelle le corps ne
peut rien. Mais la bête qui, en se relevant, trouve une difficulté
quelconque, rencontre un obstacle inattendu, ne demeure pas
patiemment engagée jusqu'à ce que le hasard s'en mêle ; elle ne
compte que sur elle-même et se livre à toutes sortes de tentatives
pour se tirer d'embarras ; elle y emploie d'ordinaire plus de force
que d'adresse, plus de violence que d'habileté, et des efforts
ainsi dirigés la conduisent souvent à mal. Pareille cause a souvent provoqué l'avortement de femelles très-avancées dans la
gestation et détruit des espérances tout près de se réaliser. On
est bien maladroit de rester sous la menace de semblables accidents, quand il est si facile d'en prévenir le retour. Donc, que
le dessous des crèches soit toujours plein, **ou tout au moins**

qu'il ne forme pas un espace vide, carré ou cubique; qu'on l'établisse en talus, de manière que l'animal couché puisse toujours se remettre debout sans difficulté.

Autre chose. En certains lieux on élève à tel point la crèche, au-dessus de l'aire, que les animaux ne peuvent y atteindre sans le secours d'une marche que l'on a grand soin de placer en avant. Quelle singulière imagination! On donne à cette marche de 15 à 18 centimètres de hauteur, et de 20 à 25 centimètres de largeur. Sans elle, les bêtes ne pourraient que très-difficilement utiliser leur mangeoire. Le remède à cet inconvénient ne serait pas malaisé à trouver. On ne le cherche pas. La coutume est de poser haut la crèche et de grandir artificiellement le bétail qui doit y prendre sa nourriture. On se conforme exactement, invariablement à la coutume, sans se préoccuper en rien de ses conséquences, de ses vices. Par suite de cet exhaussement contre nature des parties antérieures, tout leur poids est rejeté sur l'arrière, et les animaux se déforment, le corps est comme brisé au point où se termine la région du garrot. Cette position forcée est particulièrement pénible; elle distend outre mesure tous les organes, dont les uns sont tiraillés en avant, et les autres sollicités en sens contraire par leur propre poids. Il en résulte des avortements, des chutes de la matrice et du rectum, et de grandes fatigues pour les membres postérieurs.

4. *Les séparations.* — Il n'est pas encore très-usuel, en France, de former des séparations dans les étables et d'y tenir les animaux en stalles. On emploie davantage ce mode en Angleterre, d'où il commence à s'introduire chez nous. Il y a donc nécessité d'en parler, ou tout au moins de ne les pas passer complétement sous silence.

Les stalles appartiennent plus spécialement aux vacheries de luxe. C'est une imitation de ce qui s'est fait autrefois pour le cheval. Alors on emploie à leur confection tous les raffinements de l'art et du goût; les bois précieux et les peintures fines jouent ici le principal rôle; le plus beau marbre est à peine assez riche pour la crèche.

Ces splendides demeures sont rares cependant ; mais elles ne devraient différer des plus modestes que par leur prix de revient ; les autres devraient leur ressembler pour tout ce qui a trait à l'étendue de l'espace accordé à chaque bête, à la bonne installation de toutes choses et à la propreté. Les animaux y seraient mieux ; leurs produits en seraient de meilleure qualité et plus abondants.

Après tout ce qui précède sur ces divers points, il nous reste réellement peu de chose à dire, si surtout on applique à l'établissement des stalles dans l'étable les règles que nous avons déjà indiquées en traitant des *Ecuries*. Il y a cependant une distinction importante à faire quant à la hauteur et à la longueur des stalles, suivant qu'elles doivent loger des vaches ou des animaux à l'engrais.

Nous n'aimerions pas à voir séquestrer les premières, et si tant est qu'on veuille les mettre en stalles, nous conseillons de faire celles-ci basses et courtes, leur rôle devant se limiter à ceci : faire que chaque bête soit isolée pour manger, et que le désir d'administrer un coup de corne à droite ou à gauche ne puisse même pas naître, à plus forte raison être suivi d'effet.

Les bêtes à l'engrais, au contraire, se trouveront bien d'être plus complétement isolées, à la condition que la place ne leur sera pas ménagée, et qu'elles pourront toujours, étant couchées, se reposer à l'aise. Leurs stalles seront aussi hautes et aussi longues qu'on le voudra.

Tout cela veut dire que nous blâmons le mode incomplet qui laisse libre, non séparée, voulons-nous dire, la crèche dans toute son étendue ; que nous approuvons, au contraire, celui qui se prolonge au-dessus de la crèche, de façon à isoler les têtes, et que les animaux cessent de se voir tandis qu'ils prennent leur nourriture.

Ces deux formes sont représentées dans les figures 60 et 61.

En France, on construit fort simplement les stalles d'étable, et l'on a raison. Elles consistent généralement en un panneau en bois, dont les montants sont convenablement enfoncés dans le sol. Elles fatiguent peu et résistent longtemps, quand elles

10

sont à l'usage d'animaux de rente. Celles qui devraient être habituellement occupées par des taureaux auraient sans doute besoin d'être plus solidement implantées dans le sol.

Les stalles des étables dont la crèche donne sur un corridor
d'alimentation peuvent avoir un peu moins de largeur que les
autres. Pour celles-ci, il ne faut pas oublier qu'elles doivent

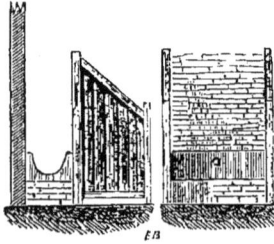

Fig. 60. Stalle ouverte sur la
crèche et le râtelier (face et
profil).

Fig. 61. Stalle fermée sur la
crèche et le râtelier (face
et profil).

admettre, à côté de l'occupant ordinaire, la personne chargée
du service.

En Angleterre, on y met un peu plus de façons ; on les construit en fer, et elles portent, en fer également, mangeoire, râtelier et abreuvoir. La figure 62 en donnera une idée suffisante.

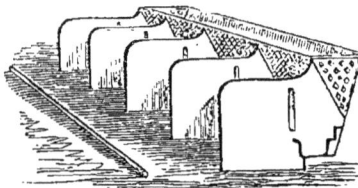

Fig. 62. Étable à stalles en fer.

Beaucoup d'autres font grand
cas de l'addition de l'abreuvoir. Nous sommes plus près
de le combattre, de le repous-
ser absolument que de l'ap-
prouver et de le conseiller.
Les animaux qu'on tient habituellement en stalles ont des
serviteurs attitrés, qui leur apportent, à des heures fixées, et le
boire et le manger. Cela vaut mieux que de laisser constamment
de l'eau à leur disposition. L'eau, c'est l'humidité en perma-
nence, l'humidité et, souvent aussi, la malpropreté, deux
choses que nous redoutons, et que nous recommandons d'é-
viter avec soin. Donc, point d'abreuvoir toujours plein; il

n'ajoute rien aux satisfactions de l'animal et peut, en maintes circonstances, lui nuire peu ou prou.

On fait aussi de doubles stalles, et l'on y réunit, par deux, les animaux qui, travaillant par paire, aiment à vivre de compagnie. A ceux-ci, la séparation est parfois cruelle ; elle leur cause du chagrin et leur ôte jusqu'au besoin de vivre ; ils mangent peu et dépérissent promptement. On le sait bien dans nos pays à bœufs, dans celles de nos régions agricoles où tous les travaux des champs se font avec des animaux de l'espèce bovine. Aussi l'isolement, quand on le pratique, n'est pas l'esseulement, le système cellulaire, mais l'existence à deux devenue un besoin, un besoin impérieux, que l'intérêt et l'expérience ont appris à ne pas méconnaître. L'engraisseur du Poitou, par exemple, se garderait bien de séparer pour l'engraissement les bœufs qu'il a précédemment appareillés pour le travail ; il les met ensemble dans la même stalle et leur donne la nourriture dans la même crèche. Ils s'engraissent en même temps et vont ensemble au marché. Une fois réunis sous le même joug, la mort seule les sépare.

Puisque l'occasion se présente de mentionner ici une particularité de notre département des Landes, le lecteur nous pardonnera, en sa faveur, une petite digression qui ne nous attardera pas beaucoup.

Dans chaque métairie, sous l'auvent qui conduit à l'étable, on voit (fig. 63) un fort poteau A fixé dans la terre et surmonté de deux traverses solides ; deux chevilles C, C s'engagent dans ces traverses, de manière à former deux carrés. On enlève ces chevilles, et chaque bœuf passe la tête dans un de ces carrés ; des coulants en osier, dont est munie la traverse supérieure, servent à leur prendre les cornes, s'il en est besoin, et à les maintenir ainsi en repos. Un homme, ordinairement l'ancien, le père de famille, s'asseoit devant l'attelage ainsi disposé et procède à son appâturement. Il fait des petits paquets de paille de mil, qu'il amorce selon la saison, soit avec des feuilles de maïs vert, soit avec de la farine de tourteau de lin, soit avec du son, soit avec du sel, et alternativement il enfonce dans la bouche de chaque animal un de ces paquets.

Chacun de ces appâturements dure de deux heures et demie
à trois heures ; il y en a deux par jour. Cette manière de procéder paraît bizarre, et les progrès de la culture devront nécessairement la simplifier ; toutefois, on pourrait en trouver
l'explication dans ce fait bien connu, qu'en général les fourrages verts dans les Landes sont très-peu nutritifs, surtout ceux
venus dans les parties encore non assainies et imprégnées d'un
acide très-peu favorable aux bonnes herbes.

Fig. 63. Mode d'appâturage dans les Landes.

5. *La forme circulaire*. Bien qu'il entraîne quelques difficultés d'exécution pour des ouvriers de la campagne et aussi
un peu plus de frais, le mode de construction circulaire méri-
terait d'être plus souvent employé, non, ainsi que le dit
M. Bouchard-Huzard, parce que c'est « le système par lequel
on arriverait à faire occuper aux animaux l'emplacement le
plus restreint, » avantage qui nous séduit peu, en raison des besoins de la respiration, mais parce qu'il réunit toutes sortes
de facilités pour le service. Voici, du reste, en quels termes

M. Bouchard-Huzard en parle dans son excellent *Traité des con-structions rurales* :

« La conformation des bêtes à cornes, dont la tête est beau-coup plus étroite que le reste du corps, et surtout que la partie postérieure, permet de les ranger circulairement de manière que leur tête soit du côté du centre, comme dans l'étable re-présentée par la figure 64 [1].

« Cette disposition, en n'accordant à chaque animal qu'une petite place au ratelier, lui donne cependant tout l'espace dont

Fig. 64. Coupe transversale d'une vacherie circulaire.

il a besoin pour se coucher, puisque sa dimension en largeur s'accroît à mesure qu'elle est prise plus loin de la crèche.

« Dans l'exemple que nous avons sous les yeux, les animaux occupent un emplacement dont la largeur est de 6^m,80 proche du râtelier, et de 2 mètres à une distance de 3 mètres de celui-ci.

« Il est regrettable que le mode de construction circulaire entraîne quelques difficultés d'exécution, que les boiseries, les charpentes, les toitures soient plus difficiles à établir, et

[1] D'après une étable construite à Juvisy (Seine-et-Oise), dans la propriété de M. le comte de Montessuy.

qu'en somme le prix de revient soit assez élevé, car c'est peut-
être le système par lequel on arriverait à faire occuper aux
animaux l'emplacement le plus restreint. Si nous évaluons,
dans notre exemple, la surface de cet emplacement, en défal-
quant celle d'un trottoir de 1 mètre de large, inutile à la rigueur et qui n'est établi ici que pour permettre une circulation
facile autour de l'étable, voici ce que nous obtiendrons : une
surface circulaire de 11 mètres de diamètre, dont l'expression

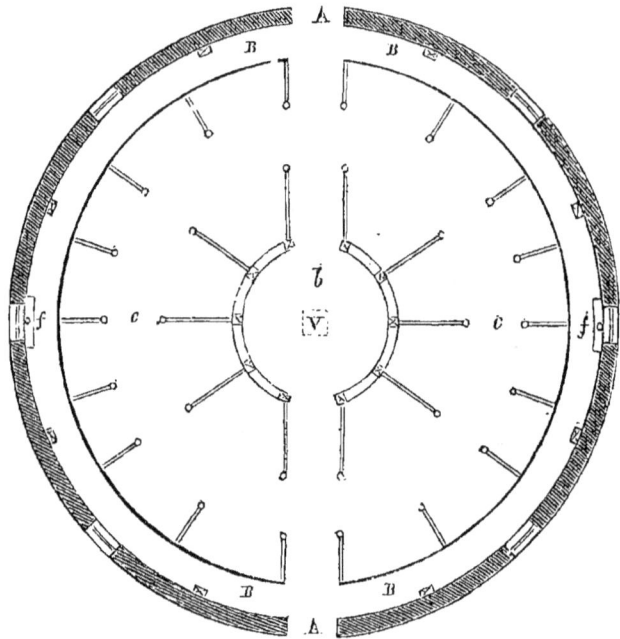

Fig. 65. Plan d'une vacherie circulaire.

est d'environ 90 mètres carrés, suffit à quatorze animaux, soit
6$^{m.c.}$,40 par chacun, en y comprenant l'emplacement de la
crèche et de l'endroit central d'où on la remplit de nourriture,
et une longueur de près de 4 mètres à chaque bête. Cette surface est la plus petite que nous ayons rencontrée dans les diverses dispositions d'étables où la nourriture est donnée aux
animaux par derrière la mangeoire.

« Il est inutile de faire ressortir combien les crèches sont remplies facilement au point central, que peut desservir une trappe pratiquée dans le grenier. Une vaste cheminée d'aération, placée au-dessus de ce point et réglée par une petite porte à bascule, permet de maintenir une température égale dans le local. »

Toute belle qu'elle est, cette vacherie ne nous satisfait pas complétement. Consulté sur les avantages de la forme circulaire, nous l'aurions recommandée d'après le plan de la figure 65.

On y serait arrivé par deux portes opposées A A, par lesquelles on aurait eu accès dans le corridor B B, formant l'aire d'alimentation, et sur lequel se serait ouvert le cornadis ovalaire des étables limousines. Les stalles des mères eussent occupé le pourtour, ainsi que le montre le plan. Au point central, nous aurions adopté la disposition de l'étable de Juvisy; mais, au lieu de stalles, nous aurions établi de petites boxes très-confortables pour les veaux.

Ainsi, deux couloirs, l'un contre le mur du vaisseau et faisant le tour de l'étable, l'autre central et donnant accès dans les boxes de premier élevage.

Ainsi disposée, l'habitation est complète, pittoresque, et ne laisse rien à désirer : on peut y mettre tout le luxe imaginable ou la faire, à son gré, aussi modeste que possible, sans nuire en rien ni au bien-être des habitants, ni aux plus grandes exigences du service.

6. *Post-scriptum.*—Il s'agit de planchers et de cloisons économiques que nous remet en mémoire, fort à propos, la correction des épreuves, en ce qui touche le luxe raffiné de certaines étables. Nous ne repoussons aucun luxe, même celui qui pourrait paraître le moins utile, mais nous nous attachons avec une prédilection très-marquée à tout ce qui peut faire entrer le nécessaire chez les moins bien partagés du côté du capital.

C'est pour ces derniers qu'un écrivain populaire, à juste titre, a rédigé les considérations économiques et donné l'enseignement pratique, facile à suivre, que nous répétons à cette place. C'est dans *la Feuille du cultivateur* que M. P. Joigneaux a déposé le petit article suivant :

« Chaque fois qu'il nous arrive, à vous, à moi ou à d'autres, de visiter nos étables et nos écuries de village, nous y remarquons, en guise de plancher, des perches de toutes dimensions, rangées comme elles viennent, en travers des poutres et des pontrelles, et distancées de façon à économiser le plus possible sur le bois. Les provisions de fourrages bouchent les vides, et, d'ordinaire, les toiles d'araignées forment plafond. Nous critiquons la chose nécessairement, attendu que la critique est toujours facile; nous disons que ces planchers primitifs ont l'inconvénient d'exposer le foin aux exhalaisons malsaines et malpropres des animaux; qu'ils ont, en outre, celui de livrer passage aux graines de pré qui infestent les fumiers. Ces observations sont fondées assurément, et si bien fondées, que des cultivateurs soigneux ont eu l'attention de recouvrir les perches de plaques de gazon, afin de soustraire les fourrages aux émanations fâcheuses, et les fumiers aux graines de foin. Il y aurait mieux à faire, sans doute : des planchers véritables et bien joints rempliraient plus convenablement le but; mais on objecte avec raison que les choses ainsi faites reviennent à de gros prix, qu'il n'y a plus à songer aux planches de chêne, et que celles de hêtre ne durent guère. Si les conseils ne coûtent rien, en retour la menuiserie coûte fort cher, de façon que chacun se voit obligé de mesurer ses constructions à son aune. Nous savons des gens pleins de bonnes idées qui ne demanderaient pas mieux que de procéder d'après les règles et principes admis, mais qui ne le peuvent pas. N'avons-nous pas aussi des individus qui reconnaissent parfaitement les avantages du chemin de fer et des voitures doucement suspendues, ce qui ne les empêche pas de voyager à pied, en tombereau ou en charrette? La question d'argent est le gros obstacle aux améliorations. C'est pourquoi les plus méritants, parmi les inventeurs ou novateurs, sont ceux qui nous rendent de grands services à des conditions très-faciles.

« A ce titre, nous devons de la reconnaissance à l'inventeur des planchers économiques, à celui qui, le premier, nous a fourni les moyens de réaliser avec des pieux, des bouts de perches, des rondins de bois de corde, de la boue, du foin et de la paille, tous les avantages des planchers de luxe. D'où est venu cet homme ? On l'ignore ; comment le nomme-t-on ? On l'ignore aussi, et il y a lieu de croire qu'il n'a jamais figuré sur la liste des preneurs de brevets.

« Le procédé dont nous allons vous entretenir nous paraît appelé à un immense succès dans nos campagnes, par cela même qu'il se trouve à la portée de tout le monde ; et aussi parce qu'il est de nature à nous préserver plus d'une fois des incendies. Voici tout simplement en quoi il consiste : vous prenez des perches ou des rondins d'un petit diamètre, afin de ne pas surcharger inutilement les poutrelles des étables ; vous les sciez sur une longueur de 1 mètre 1/2 à 2 mètres au plus, de façon que les deux extrémités portent sur le milieu de deux poutrelles, après la pose. Cela fait, vous préparez un mortier avec de la terre argileuse, de l'eau et du foin haché ; puis vous étendez une couche mince de paille d'avoine sur une table ; vous recouvrez cette couche de paille d'une couche de mortier de 2 à 2 centimètres 1/2 d'épaisseur ; vous placez le rondin ou le morceau de perche sur ce mortier et en travers de la paille, et vous roulez de manière à envelopper le bois avec la boue et la paille. Il ne reste plus qu'à disposer et à serrer les rondins l'un contre l'autre sur les poutrelles et à recouvrir le tout de mortier, comme s'il s'agissait de préparer une aire de grange. On peut également plafonner le dessous de la même façon.

« L'opération est plus facile à exécuter qu'à décrire ; cependant nous aimons à croire que notre description paraîtra suffisamment claire et sera comprise. Voilà de longues années déjà qu'un plancher d'écurie façonné de la sorte a été mis à l'essai dans une maison de notre voisinage, et rien ne bouge. Depuis lors, des essais ont eu lieu sur d'autres points, et chacun s'en félicite ; enfin, tout dernièrement encore, un de nos amis a planchéié ainsi ses vastes étables, avec une légère modification qui consiste à rouler la paille en cordons avant de s'en servir. Tous les bois sont bons pour la mise en œuvre du procédé ; néanmoins, si l'on tenait à les soumettre à de lourdes charges, ou à y faire circuler des voitures pleines, on devrait toujours, ce nous semble, accorder la préférence aux chênaux. Pour des charges ordinaires, les bois blancs doublés d'argile et de paille peuvent résister aussi bien, si ce n'est mieux, que de fortes planches en chêne. Que voulez-vous de plus ?

« Le grand avantage de ces sortes de planchers n'est pas seulement, nous le répétons, dans l'économie de la construction, il est encore dans les garanties de sûreté qu'ils offrent aux propriétaires et aux fermiers. La plupart du temps, on le sait, les incendies de nos fermes commencent par les écuries et les granges ; il suffit qu'une poignée de paille, un brin d'herbe sèche ou une toile d'araignée s'enflamment pour tout compromettre. Or, par le moyen que nous indiquons, les principales causes d'incendie disparaissent, et le bois, sauvegardé par l'argile, ne serait pas attaqué aisément par le feu.

« L'application du nouveau système ne s'arrêtera pas aux planchers ; vous le verrez s'étendre aux cloisons ou entrefends de nos habitations villageoises. Au lieu de laisser des vides entre deux lattis, ou de remplir ces vides avec de la terre, on trouvera plus commode, plus simple et plus convenable, sous bien des rapports, d'établir des cloisons en bois mastiqué d'argile. Elles auront sur les anciennes le double avantage de maintenir plus de chaleur en hiver et de ne pas servir de refuge aux souris. »

IV. LES BOXES.

Les extrêmes.— Pauvre et ignorant.— L'intervention de la loi. — Un grand progrès. — La box ordinaire. — Les boxes de M. Warnes. — Une expérimentation intéressante. — La graisse et le fumier.

Il y a loin de la boxe aux étables défectueuses que chacun connaît ; ce n'est pas chez nous, où l'on a été jusque dans ces dernières années si peu libéral envers le bétail, que l'idée serait venue de mettre les bêtes bovines en boxes. Il est vrai de dire que l'éleveur ne se soignait pas mieux, et qu'en le voyant traiter les animaux comme il se traitait lui-même, on devait le croire plus pauvre qu'ignorant. Cependant ignorance et pauvreté ne sont plus si grandes, et les réformes ne s'accomplissent pas, les améliorations ne viennent pas aussi vite qu'il le faudrait. Il y a là beaucoup d'apathie et tout le pouvoir d'une vieille habitude. N'oublions pas qu'on est obligé de faire intervenir la loi pour chasser la population humaine des bouges destructeurs où elle ne demande pas mieux que de demeurer entassée. Cela étant, on ne saurait plus s'étonner que le bétail ne soit pas sainement logé, qu'il ne trouve pas dans les lieux où on le retient les conditions les plus indispensables à sa conservation en santé. Heureusement les bonnes idées et les bonnes pratiques se propagent, et nous marchons maintenant d'un pas ferme à la conquête du progrès.

En l'espèce, le système des boxes réalise un immense progrès, nous n'aurions pas à y revenir ici, puisque nous l'avons étudié plus haut dans tous ses détails, s'il nous était permis de passer sous silence la forme particulière, ou plutôt l'application spéciale qui en a été faite en Angleterre, d'abord par un monsieur Warnes, et peu après en France par l'un des agriculteurs-industriels les plus renommés de notre belle région du Nord.

Les boxes ordinaires servent particulièrement, chez nous, à la stabulation des taureaux; elles n'offrent aucune particularité qui doive nous arrêter, et, lorsqu'on en généralise l'usage, elles se construisent simples, isolées, ou doubles, et souvent on les fait communiquer avec de petites cours fermées par des lices. Ce sont les *paddocks*.

Les animaux vivent libres, ou du moins non attachés dans les boxes, parfaitement paisibles. Là est la supériorité de ce mode sur le système du logement en commun, supériorité démontrée par ce fait décisif, quant à l'espèce bovine, qu'on loge en boxes tous les animaux de concours : en stalles ou autrement, on ne parviendrait point à leur donner le degré de perfection qu'ils acquièrent alors. Raisonnant juste, on a été amené à s'avouer que, si la box seule pouvait faire la perfection chez les animaux de concours, elle pouvait tout aussi bien procurer de meilleurs résultats que l'étable ordinaire, dans l'opération générale de l'engraissement. On a essayé, et l'expérience s'est prononcée en faveur des boxes, comme habitation préférable à l'étable commune. M. Warnes, qui paraît avoir été le premier à conseiller d'étendre au grand nombre ce mode employé seulement jusque-là pour les exceptions, l'a fort préconisé, et a posé des chiffres qu'il est bon de répandre. « Il en coûte 87 francs par loge, dit-il, pour transformer une bouverie en boxes, mais la dépense est plus que couverte par le bénéfice d'une année. Je puis assurer, par mon expérience, que l'engraissement dans les boxes a un avantage de 2 à 3 livres sterling (50 à 75 francs) par tête de bétail sur celui qui a lieu dans les enclos en plein air. »

Chez M. Decrombecque, l'essai comparatif s'est fait entre l'étable commune et la box au profit de cette dernière, car on y a complétement abandonné l'autre, et c'est curieux de voir, en divers points de la propriété, des installations pareilles, successivement formées par extension des nourritures, et contenant jusqu'à 300 têtes à la fois, toutes soumises au régime de l'engraissement.

Chez cet agriculteur éminent, les boxes mesurent 2^m,70 en carré et 1^m,20 de profondeur. Ceci est la particularité du système. C'est un cube creux de 2^m,748 dans lequel s'entasse progressivement le fumier, jusqu'à ce qu'étant comblé, on le retire pour le porter aux champs. On fait entrer les animaux maigres dans ces espèces de tombes, lorsqu'elles sont vides, au moyen d'un plan incliné plus ou moins commode, et en les contraignant plus ou moins, suivant le degré de résistance, qui n'est jamais bien long à vaincre, et on les en fait sortir pour les livrer à la consommation. Les auges donnent toutes sur un couloir ; elles sont mobiles ; on les abaisse ou on les relève, afin qu'elles soient toujours à la portée des prisonniers, qui, eux-mêmes, remontent et s'élèvent successivement à mesure que la box se remplit de fumier. On fournit à chacun une abondante litière, une litière terreuse, et les couches renouvelées exhaussent peu à peu l'habitant, tant et si bien qu'en deux mois environ la fosse est pleine. Ces boxes sont tenues avec une attention extrême sous le rapport de la température ; elles sont chaudes et peu éclairées, loin du bruit et du mouvement ; elles réunissent toutes les conditions voulues pour un engraissement rapide.

Au premier coup d'œil, le système paraît étrange et ne provoque pas une grande admiration. En y regardant de plus près, on se sent bientôt mieux disposé. M. Decrombecque ayant demandé à la Société impériale et centrale d'agriculture de lui faire l'honneur d'un examen attentif, deux des membres de la Compagnie reçurent pour mission de se rendre à Lens (Pas-de-Calais), et de faire un rapport circonstancié sur le nouveau mode, auquel nous avons, nous aussi, prêté sur place une très-sérieuse attention ; mais il y a tant et tant à voir à Lens, qu'on est très-excusable de ne pas se rappeler toutes choses en même temps. Nous reprenons donc, dans le rapport rédigé pour la Société centrale d'agriculture, les détails qui manquent à notre exposé.

Ainsi, l'auge établie devant chaque loge s'élève ou s'abaisse à volonté, comme nous l'avons indiqué, sur une crémaillère, ajoutent les délégués, et sur une étendue de 1 mètre.

« Un mur limite l'étable sur l'alignement du sentier, un autre mur longitudinal s'élève sur l'alignement opposé de l'encaissement, il est percé d'autant de baies de portes qu'il y a de cases.

« Chacune de ces baies est close par deux volets superposés, de sorte qu'en ouvrant le volet supérieur on dispose d'une baie de fenêtre, et en ouvrant les deux volets, on a la section libre d'une porte.

« Cette porte suffit au passage de l'animal, qui, une fois entré dans sa case, y reste tout le temps que dure l'engraissement.

« Chaque jour on ajoute un peu de litière ; la case s'emplit graduellement de fumier qui atteint, au bout de trois mois, le niveau du sol, c'est-à-dire 1 mètre d'épaisseur. Les déjections disséminées dans cette masse constamment foulée, en tous ses points, sous les pieds de l'animal, sont bientôt soustraites au contact de l'air et fermentent très-peu ; aussi ne ressent-on pas cette odeur ammoniacale dominante dans les étables mal tenues.

11

Là, les soins journaliers sont très-peu dispendieux, parce qu'ils ne s'appliquent à aucun nettoyage. Cependant la litière fraîche ajoutée chaque jour, et la dissémination des déjections, permettent d'entretenir les animaux dans un état remarquable de propreté.

« Ces animaux, affranchis de la gêne de tout système d'attache, jouissent d'une liberté relative, dans l'espace dont ils disposent ; ils se voient sans se gêner mutuellement, et n'aperçoivent les personnes chargées de diriger leur engraissement que pour en recevoir des soins et de la nourriture.

« On ne sera donc pas surpris d'apprendre que les animaux, dans les cases, deviennent plus doux et plus gais ; qu'enfin ces bonnes dispositions naturelles concourent à rendre la nourriture plus profitable, soit pour leur entretien, soit pour leur engraissement. Ce sont maintenant des résultats avantageux acquis, et il n'est pas moins certain, d'après les observations consciencieuses et la comptabilité régulière de M. Decrombecque, que dans cette localité, pour un égal nombre d'animaux, les étables à cases séparées coûtent moins de construction pour chaque animal ; la différence peut être évaluée de 130 francs de dépense, suivant l'ancien système, à 110 ou 120 francs, dépense du nouveau système. »

Ce qu'il faut voir dans ce mode, c'est sa spécialité, sa destination qui est double, la tenue des bêtes à l'engrais et la confection abondante d'un fumier essentiellement gras. Ces deux points reçoivent complète satisfaction à Lens. Le bétail y acquiert un bon engraissement économique, formant de bonne viande, et la fertilité des terres, primitivement très-pauvres, s'y est successivement élevée à son maximum, grâce à la quantité et à la qualité des fumiers confectionnés dans les boxes-tombes.

V. RÈGLES D'HYGIÈNE GÉNÉRALE. — ÉTABLISSEMENTS SPÉCIAUX.

Considérations physiologiques.— Encore la respiration. — Recherches
et expériences scientifiques. — Les applications de la pratique. —
La science n'effraye plus les praticiens. — L'enseignement par excellence.— L'étable des bêtes à l'engrais.— Un proverbe allemand.
— La vacherie. — Une dissertation à côté. — Question bien posée
est aux trois quarts résolue. — L'étable à veaux.— Les entours;— le
fumier; — toutes sortes d'*impedimenta*; — le platane.— Les étables
en Allemagne.

Au point où nous en sommes, il s'agit maintenant de dire
comment on peut, sous le rapport physiologique, si étroitement
lié au côté économique de la tenue du bétail, tirer le parti le
plus avantageux des diverses dispositions d'étables que nous
avons passées en revue.

Les étables exclusives aux animaux de travail sont très-rares
et le deviennent chaque jour davantage; elles ne nous occupe-
ront pas ici d'une manière particulière, attendu qu'elles diffèrent peu, quant aux besoins respiratoires de leurs habitants,
des écuries dans lesquelles on loge des chevaux dont les forces
sont utilisées de la même manière. Ces derniers, cependant,
veulent une aération plus active, un air plus frais, plus souvent
renouvelé que le bœuf, dont la dépense en oxygène est moindre
d'un sixième environ. La raison de cette différence résulte de
ce que le bœuf, d'une activité moins développée, d'un tempérament plus lymphatique, moins excitable que celui du cheval,
exécute des mouvements plus lents et fait, par conséquent, des
déperditions moins considérables. Elle résulte encore de la nature plus aqueuse des aliments dont on nourrit les animaux de
l'espèce bovine, et qui, moins riche en hydrogène et en carbone, use moins d'oxygène, ainsi que nous venons de le dire.

Par ailleurs, les jeunes bêtes consomment plus d'air que les
adultes et que les vieilles bêtes. Il faut donc, suivant les cas,
disposer les étables de façon que la ventilation puisse y être
ou plus active ou plus modérée; en d'autres termes, le rôle
des ventilateurs l'emportera généralement ici sur celui des fe-

nêtres et des barbacanes. De la sorte, les gaz irrespirables seront évacués autant qu'il convient, sans que l'abondance de l'air
oxygéné dépasse les besoins des animaux.

« En ce qui touche ces besoins, dit M. Vial dans son petit
livre de l'*Engraissement du bœuf*, la différence la plus sensible
se remarque surtout à propos des bêtes d'engrais, lorsqu'elles
sont traitées par la stabulation permanente. Ici il ne s'agit plus
d'entretenir les animaux dans un état de santé parfaite. Il s'agit
d'une santé relative, appropriée au but. Il faut diminuer la force,
la vigueur musculaire, développer la tendance à l'obésité, en-
traver jusqu'à un certain point les fonctions de la vie de rela-
tion au profit des fonctions de la vie végétative, amoindrir
l'action de toutes les causes de perte, affaiblir enfin l'énergie
de la combustion pulmonaire ; et, pour obtenir ce résultat, il
importe, au premier chef, de modifier les qualités de l'air, en
le rendant plus chaud, plus humide et quelque peu altéré dans
sa composition, au moyen d'un renouvellement beaucoup moins
fréquent de ce fluide.

« Pour bien comprendre toute l'économie de cette pratique,
il est nécessaire de rappeler les principaux phénomènes auxquels donne lieu le passage de l'air dans le poumon.

« Si l'on soumet celui-ci à l'analyse avant son entrée dans les
voies respiratoires et après qu'il en est sorti, on trouve qu'il a
subi des modifications notables :

« Composé primitivement de 21 pour 100 d'oxygène, 79 pour
100 d'azote et 4 à 6 dix-millièmes d'acide carbonique, on trouve
qu'il a perdu par l'acte de la respiration 4 à 6 pour 100 d'oxygène, qui ont été remplacés par de l'acide carbonique.

« L'oxygène, qui est le corps comburant par excellence, s'est
combiné avec une certaine quantité de carbone contenue dans
le sang, par un véritable phénomène chimique, comparable à la
combustion des corps à l'air libre, et produisant comme elle une
quantité de chaleur considérable.

« D'après les recherches de M. Boussingault, la proportion
de carbone brûlée par la respiration s'élève, chez une vache de
taille moyenne, à 1,700 grammes par vingt-quatre heures, et la

quantité de chaleur dégagée est capable de porter de 0 à 100 degrés, chez le même animal, environ 19 kilogrammes d'eau.

« La comparaison de l'air naturel avec celui qui sort du poumon nous apprend encore que, pendant la respiration, sa température s'est élevée de 10 à 15 degrés, température moyenne de nos climats, à 36 degrés, température ordinaire du corps; qu'il s'est chargé d'une quantité de vapeur d'eau évaluée à 2,500 grammes par jour, pour une vache de taille moyenne.

« De ces faits, nous pouvons tirer des inductions très-précieuses pour l'éclaircissement de la question qui nous occupe. Puisque l'on a comparé la respiration à une véritable combustion, poussons plus loin la comparaison. Dans un feu de cheminée, si l'on agite l'air de manière à faire passer une plus grande quantité de ce fluide au centre du foyer de combustion, il arrive que le feu s'active et que le bois brûle plus vite. De même, si dans un temps donné il passe dans le poumon d'un animal soit une plus grande quantité d'air, soit un air plus froid, plus condensé et contenant, par conséquent, plus d'oxygène sous un même volume, le carbone du sang, qui est l'élément combustible, se trouvera usé, détruit, brûlé en plus forte proportion, et comme ce corps est fourni au sang par les aliments, la perte se traduira par un accroissement correspondant de la ration consommée.

« Ainsi s'explique la nécessité d'une nourriture plus substantielle, plus animale, plus riche en carbone, chez les peuples du Nord que chez ceux du Midi, en hiver qu'en été.

« Là se trouve encore l'explication de ce fait, que les bêtes jeunes ont besoin d'une alimentation plus substantielle que les bêtes adultes. C'est que, pendant le jeune âge, aux besoins qui résultent de l'accroissement des organes se joignent ceux qui proviennent d'une respiration plus active. Et enfin l'on comprend pourquoi une même quantité d'aliments produit plus de graisse lorsque la période de croissance est terminée. Il y a à cette époque une diminution sensible du rhythme des mouvements respiratoires.

« Mais si, au lieu d'augmenter la quantité de l'élément comburant, on augmente celle du combustible, le résultat est le même. Il y a, comme dans le cas précédent, accroissement de l'activité de la combustion et dépense d'une plus forte proportion d'air : tel l'addition d'une certaine quantité de bois augmente l'intensité du foyer, tel aussi une nourriture plus substantielle et plus abondante absorbe une plus grande quantité d'oxygène emprunté à l'air, pour subir toutes les transformations nécessitées par les besoins de l'économie. Ainsi les carnivores, qui consomment une nourriture plus riche en carbone, fournissent plus d'acide carbonique par la respiration que les herbivores. Parmi ceux-ci, ceux qui sont bien nourris en rejettent plus que ceux qui le sont mal.

« Dans tous les cas, l'accroissement de l'activité respiratoire a pour effet la production d'une plus forte somme de chaleur, tendant à élever la température du corps. Mais on a constaté, par l'expérience, que dans l'état normal chaque espèce a sa température propre, température invariable dans toutes les saisons, pour peu qu'on l'examine dans des organes situés à quelque profondeur et à l'abri des causes trop variables de perturbations extérieures. Il faut donc que l'excès de chaleur soit absorbé à mesure qu'il se produit; il l'est, en effet, par l'augmentation de l'évaporation cutanée, évaporation qui peut aller par degrés jusqu'à la sueur la plus abondante. C'est ainsi que la nature maintient l'équilibre fonctionnel en détruisant les effets d'une cause de trouble par les effets d'une cause opposée.

« Cependant, et en vertu de la même loi, la perte de chaleur entraîne toujours de son côté la combustion d'une quantité proportionnelle de carbone. Or, le corps animal perdant de la chaleur par le rayonnement, par la respiration, par la transpiration, etc., plus ces causes de perte seront considérables, et plus l'alimentation devra être riche en principes carbonés.

« Les expériences de M. Letellier ont pleinement confirmé ces faits. En effet, de petits oiseaux qui ont fait l'objet de ses observations n'ont dégagé par la respiration que 215 grammes d'acide carbonique par jour et par kilogramme de poids vivant, lorsque la température de l'air environnant était comprise

entre 30 et 42 degrés centigrades, tandis qu'ils en fournirent
313 grammes, lorsque cette température fut comprise entre 14
et 22 degrés seulement ; enfin ils en produisirent 455 grammes,
lorsque la température descendit jusqu'à 0. Une autre expérience, effectuée sur des tourterelles et des crécelles, a donné
les résultats suivants :

Entre 30 et 42° cent., 64 grammes d'acide carbonique dépensé.
  — 14 et 22° — 109   —   —
  A 0°   — 171   —   —

« Les effets du froid sont moins considérables chez les grands
animaux que chez les petits, parce que le refroidissement des
corps s'effectue avec une rapidité qui est en raison inverse de
leur volume ; mais ils n'en sont pas moins sensibles, et l'on doit
en tenir sérieusement compte.

« Nous avons vu que l'air, en sortant du poumon, s'est élevé
de la température ordinaire à celle du corps, 36 degrés. Pour
atteindre cette température, il a dû soustraire une quantité de
chaleur représentée par la différence qui existe entre la température de l'air ambiant et la température normale du corps. La
respiration occasionne donc une perte de chaleur d'autant plus
grande que l'air est plus froid.

« Enfin, le passage des liquides de l'économie à l'état de gaz
ne peut s'effectuer que par l'absorption d'une certaine quantité
de chaleur. Un air sec, en favorisant l'évaporation, serait donc
une cause de perte de chaleur. Pour se faire une idée de l'énergie
l'action de cette cause, il suffira de savoir que 1 kilogramme
d'eau qui se réduit en vapeur emporte avec lui une quantité de
calorique qui serait suffisante pour porter à l'ébullition 5k,50
de ce liquide.

« Nous pouvons ajouter que les aliments froids, en passant
dans le canal alimentaire, absorbent aussi de la chaleur pour se
mettre à l'unisson de la température du corps. Ces considérations doivent nous faire comprendre toute l'importance qui s'attache à la théorie qui veut que les bêtes d'engrais soient tenues
au milieu d'un air chaud et chargé d'humidité. Il doit en résulter

une économie de nourriture qui amène des différences notables dans les résultats économiques de l'engraissement.

« Notons encore que l'air, dans ces conditions, a pour effet de rendre les tissus mous et perméables à la graisse, de modifier la constitution, de favoriser le développement du tempérament lymphatique, de rendre les animaux moins impressionnables aux causes d'excitation : toutes circonstances qui permettent d'arriver plutôt à la solution du problème cherché, produire plus de viande avec moins de nourriture.

« Cependant il faut se rappeler que la respiration, tout en étant une cause de perte pour l'organisme, est l'excitant par excellence qui donne au sang la chaleur et la vie, et sous l'influence duquel s'accomplissent toutes les fonctions, notamment la digestion et la nutrition. C'est lorsqu'elle jouit de toute la plénitude de son action que la digestion se fait bien, que les muscles sont le mieux nourris et que la graisse se dépose en plus grande quantité dans les tissus. Tout le monde sait, en effet, que les animaux à poitrine large profitent mieux de la nourriture qu'on leur donne, croissent plus rapidement et sont plus vite engraissés ; donc, s'il est utile d'éviter les causes de perte de substance qui s'effectuent sous l'influence de la déperdition d'une trop grande quantité de chaleur, il n'est pas moins utile d'assurer l'intégrité de la fonction respiratoire, pour conserver aux organes digestifs toute l'énergie qui leur est nécessaire, et à tous les tissus leur force assimilatrice. De là, la nécessité d'un air chaud, mais pur.

« Un air trop concentré, dans le but de le maintenir à une haute température, en se chargeant d'un excès d'acide carbonique, d'azote, de gaz fétides, provenant de la décomposition des produits de sécrétion, versés dans le fumier, aurait pour effet de diminuer trop fortement la vitalité des animaux, d'altérer leur constitution, de les rendre plus impressionnables aux causes morbides, de les mettre, enfin, dans un état de souffrance qui aboutirait à un résultat tout à fait opposé à celui qu'on se propose dans la pratique de l'engraissement.

« Mais quelles sont les limites qu'il ne faut pas dépasser ?

Dans l'état actuel de la science, il est assez difficile de répondre à cette question d'une manière précise. Entre les deux extrêmes, qu'il faut éviter avec soin, il y a des degrés intermédiaires. C'est au nourrisseur à faire preuve d'habileté, en mettant l'aérage en harmonie avec la nourriture qu'il donne et les besoins des animaux. C'est à lui de juger à quel point il doit s'arrêter pour éviter les pertes inutiles, tout en conservant les animaux dans un état de santé relative, conforme au but qu'il se propose. La température qui paraît la plus convenable, d'après l'expérience, est celle comprise entre 18 et 25 degrés centigrades. A ce point, l'air n'est ni trop dense, ni trop concentré; il contient dans les proportions voulues la quantité d'oxygène exigée par la respiration. Pour le maintenir à un degré plus élevé, on serait dans l'obligation de ne pas le renouveler assez souvent pour l'empêcher d'acquérir des propriétés délétères.

« Il est inutile d'ajouter que c'est au moyen des ouvertures que l'on règle la température de l'étable. On les ouvre quand on juge que celle-ci est trop élevée, et que l'air commence à s'altérer; on les ferme quand la température est trop basse. Le mieux encore est d'entretenir un courant continu, que l'on augmente ou que l'on diminue à volonté, assez faible pour ne pas permettre à la température de trop s'abaisser, pour maintenir toujours dans l'atmosphère une certaine proportion de la vapeur d'eau produite par la transpiration cutanée et la perspiration pulmonaire, et cependant assez fort pour éviter la concentration des miasmes. On juge que l'air se trouve dans ces conditions lorsque, en pénétrant dans une étable, on n'éprouve pas cette impression désagréable que l'on ressent au milieu d'une atmosphère trop concentrée, impression assez difficile à définir, mais que connaissent tous ceux qui ont eu l'occasion d'entrer dans des salles de spectacle incomplétement aérées, au moment où il s'y trouvait réunies un grand nombre de personnes, dans des salles d'hôpitaux où l'on accumule un trop grand nombre de malades dans un espace très-restreint, etc.

« Dans les étables, à cette impression qui, sans nous faire éprouver des douleurs particulières, nous fait désirer le grand

11.

air, se joint une odeur désagréable provenant de la décomposition des substances azotées rejetées par les déjections. Lorsque les soins de propreté manquent, lorsqu'on laisse séjourner le fumier trop longtemps, des vapeurs ammoniacales se dégagent et affectent à la fois le nez et les yeux.

« On présume encore que l'air est altéré, lorsqu'il est saturé d'humidité au point de laisser déposer la vapeur d'eau en gouttelettes sur les aspérités des murs.

« Enfin, il existe un autre moyen pour reconnaître l'altération de l'air, moyen tout à fait empirique, mais qui peut avoir son utilité dans la pratique. Il consiste à pénétrer dans l'étable avec une lampe allumée. Si la lumière brille de tout son éclat, c'est une preuve que l'air de l'étable n'est pas vicié au point de nuire à la santé des animaux; si, au contraire, elle pâlit, si elle perd de sa vivacité, ce phénomène indique que la proportion d'oxygène se trouve diminuée au profit d'un excès d'acide carbonique, qui est un gaz incombustible. Il faut se hâter d'y remédier en activant l'aérage. »

Ces dernières considérations sont de nature à frapper tout le monde et s'adressent plus particulièrement aux praticiens les moins avancés. Plus scientifiques, celles qui précèdent n'arrêteront guère les éleveurs qui ne s'en tiennent plus au savoir traditionnel. De toutes parts maintenant, la pratique fait appel à la science, et les données clairement exprimées de celle-ci ne l'effrayent plus.

Il était bon d'établir, par l'enseignement des faits, que l'habitation joue un rôle considérable dans l'économie du bétail et qu'elle exerce sur les produits que nous attendons de ce dernier une influence non moins sensible, non moins appréciable que la nourriture.

Faisons une application plus directe aux diverses sortes d'étables.

1. *Étable des bêtes à l'engrais.* — La meilleure habitation qu'on puisse donner à une bête en préparation exclusive pour la boucherie, génisse, vache, bœuf très-jeune ou adulte, c'est incontestablement la box et, parmi les diverses formes qu'elle

peut affecter, celle du système Warnes; mais que ce soit une
loge séparée ou une étable commune à plusieurs, il est essentiel
qu'elle se trouve, plus qu'une autre, située en un lieu paisible,
où le bruit, les excitations du dehors ne viennent pas troubler
incessamment les animaux, les inquiéter, les agiter, les détourner du travail d'élaboration active, de développement rapide qui
doit s'accomplir en eux. Elle sera chaude, nous l'avons dit à
satiété, chaude et halitueuse, car nous ne voulons pas dire
humide; mais on évitera avec un soin extrême qu'elle devienne
jamais froide et sèche. Le froid est particulièrement opposé au
but que se propose l'engraisseur, le froid et la vivacité de la
lumière, qui est un excitant par excellence et qui appelle les
insultes des insectes. « Le froid mange au bétail la nourriture
hors du corps, » est un proverbe de zootechnie allemande;
comme tous les dictons, il a son grain de justice et de vérité,
puisque l'expérience seule l'a dicté et mis en vogue ; l'obscurité fait naître le calme, provoque l'assoupissement, le repos
et éloigne les insectes. L'humidité chaude favorise l'engraissement; elle agit à la fois physiquement et chimiquement. En
effet, elle relâche les tissus et favorise particulièrement l'augmentation de volume des parties molles, en diminuant l'importance des déperditions que, dans l'état ordinaire, l'économie
animale fait par les voies respiratoires.

2. *La vacherie.* — On est moins fixé et l'on doit sans doute
se montrer moins absolu quant à l'habitation des vaches. Quels
sont, en ce qui les concerne, les *desiderata* de la pratique et
les conseils de l'hygiène? Voyons d'abord comment M. Magne
répond à ce point d'interrogation.

« L'air sec, vif, pur, dit-il, favorise l'évaporation par les
bronches, par la peau, et en enlevant au sang plus de principes
que celui qui est chaud et humide, il diminue la sécrétion des
mamelles. L'expérience prouve que le lait est plus abondant
quand les vaches sont dans une étable chaude et humide que
lorsqu'elles habitent un local sec où l'air se renouvelle rapidement. L'exemple de celles qui vivent dans les pâturages ne
forme pas une exception ; si elles ont en général plus de lait

que celles qu'on tient dans les bouveries, c'est qu'elles prennent une nourriture plus appropriée, plus aqueuse et plus va-
riée : le produit de la sécrétion des mamelles est abondant dans
un air impur, mais il est de moins bonne qualité.

« Les vaches laitières doivent être logées dans des habitations
plutôt chaudes que fraîches, légèrement humides et peu aérées,
mais tenues avec la plus grande propreté. C'est seulement avec
ces conditions qne le lait est abondant et de bonne qualité. Le
lait des vaches qui couchent sur le fumier contracte une saveur
désagréable, qu'on peut reconnaître même dans le beurre et
dans le fromage, et qu'on doit prévenir par un aérage convenable et par de bonnes litières.

« La malpropreté des vacheries a d'autres conséquences. Cha-
bert et Huzard, qui recommandaient de tenir les vaches dans
des lieux bien aérés, attribuent les accidents de tous genres
auxquels ces bêtes sont si sujettes au préjugé si général, que le
froid leur est nuisible ; elles peuvent, disent-ils, sans qu'il en
résulte aucun inconvénient, rester sans abri même dans les
saisons les plus rigoureuses. Mais ces vétérinaires reconnaissent
que l'observation journalière démontre aux propriétaires que la
sécrétion du lait est plus abondante dans les vaches qui ne sont
pas exposées à l'air froid.

« Après avoir blâmé l'habitude de refuser l'air aux vaches,
Parmentier ajoute : « Le préjugé calcule toujours mal : il est vrai
« qu'une vache dans une étable chaude a plus de lait que si elle
« était exposée au froid ; mais, pour un peu de lait de plus,
« faut-il risquer de perdre la bête, qui meurt étouffée très-fré-
« quemment ? »

« La question est donc de savoir s'il y a plus d'avantage à
avoir des vaches productives, mais peu robustes, que des vaches
fortes, vivant longtemps, mais donnant moins de produits. »

La question se trouve ici portée sur un terrain spécial. On
compare des extrêmes et l'on se demande au fond s'il n'y a pas,
quant à l'hygiène, plus de profit à entretenir des vaches laitières
dans une écurie saine et propre, fût-elle moins chaude, que
dans une étable où l'air respirable manque, où les fumiers s'ac-

cumulent, où le nombre des animaux est relativement élevé. Ainsi posée, la question n'est pas douteuse; elle doit être résolue en faveur de la salubrité, car, à supposer que le produit en lait soit réellement plus abondant, il a moins de qualité, et l'existence de la bête qui le donne en pareille condition est trop courte.

La solution changerait en posant différemment la question ; et, par exemple, étant donnée une étable bien construite, convenablement disposée à tous égards, devrait-on y maintenir la température plus chaude que froide, y conserver une atmosphère plus halitueuse que sèche? En ce cas, la réponse est toute faite dans ce que nous avons dit jusqu'ici. Donc une chaleur élevée plutôt qu'une basse température, mais la salubrité toujours assurée par les ventilateurs; une chaleur élevée, un peu humide, et tout sera pour le mieux, sans conteste.

3. *L'étable à veaux.*— En beaucoup d'endroits, on laisse les tout jeunes veaux près des mères. Il faut alors les placer dans une box ou dans une stalle mesurant au moins 1^m,70 à 1^m,80 de largeur. Peu après, cependant, il y a nécessité de les séparer: Dans les fermes un peu considérables, on réserve à la jeunesse une étable spéciale, dont l'atmosphère doit être chaude et sèche, et l'aération très-facile et très-bien dirigée. On planchéie volontiers le sol de ce local; on va plus loin encore à l'égard de ces animaux, on les enferme dans de petites loges volantes, qu'on établit à volonté, et dont les murs sont garnis en planches, afin que la saveur salée des murailles n'excite pas les élèves à les lécher.

Dans le Nord, les veaux d'engrais sont quelquefois renfermés dans de véritables boîtes de 50 centimètres de large sur 1^m,65 de longueur et 1^m,80 de hauteur, où l'animal ne peut se retourner. Ces boxes mobiles sont découvertes par le haut et fermées en avant par une porte à charnières ou à coulisse verticale. Dans ce dernier cas, le jeu en est facilité par un contre-poids maintenu par une poulie fixée au plafond. On n'applique ce système qu'aux veaux qui doivent être livrés très-jeunes au boucher.

Les élèves qu'on destine à une existence plus longue, ceux surtout dont on ferait un premier choix en vue de la reproduction, réclament, dès le premier jour, plus d'air et plus d'espace, les deux choses qu'on refuse le plus aux animaux de l'espèce bovine en général. Ce sont les dernières traditions de l'ignorance ; elles se perdent heureusement peu à peu ; mais il y a déjà longtemps que l'hygiène les combat. Ne nous lassons pas, toutefois, de répéter ses conseils, il en reste toujours quelque chose, et ce quelque chose grossit à la longue et s'étend de manière à détrôner un jour ou l'autre les procédés les plus enracinés. Ceux-ci finissent toujours par céder à l'intérêt, dont les calculs sont plus justes. Les raisonnements les plus clairs ne touchent pas les esprits faux, mais les plus obtus se rendent à l'évidence d'un chiffre, quand celui-ci représente un profit certain.

4. *Les entours.* — La disposition des lieux et des choses dans le voisinage des habitations des animaux n'est pas toujours sans importance sur leur bien-être. Nous sortirions de notre cadre, si nous entrions à ce sujet dans des considérations étendues, mais nous le laisserions incomplet si nous le passions tout à fait sous silence. Un dernier mot donc afin d'attirer simplement sur lui une attention nécessaire.

L'emplacement choisi pour le dépôt des fumiers et le peu de soin dont on l'entoure en général, sont d'ordinaire les deux points qui laissent le plus à désirer dans le voisinage d'un très-grand nombre d'écuries et d'étables. On estime l'engrais de ferme à toute sa valeur, et on voudrait bien l'obtenir aussi parfait, aussi abondant que possible, mais, à voir comment les choses se passent en dépit du résultat désiré, on dirait qu'on organise toutes choses pour arriver au but opposé, car, en bien des endroits, on n'enlève des cours que le fumier le plus appauvri. C'est pourtant en vue de l'avoir riche en éléments de fertilité qu'on le place tout près des écuries et des étables, si près même, que bêtes et gens ne sauraient y entrer et ne peuvent en sortir sans fouler et piétiner le tas dans tous les sens, sans agiter l'eau fétide qui croupit dessous, sans provoquer le dégagement des gaz qui se forment incessamment dans la masse.

C'est là une cause active et presque permanente de malaise et de maladie, bien facile à éviter. Elle n'est pas seule pourtant. Il est rare, en effet, que les cours ne soient pas obstruées de toutes manières : les voitures, les brouettes, les instruments aratoires, charrues, herses, rouleaux, extirpateurs, que sais-je? Les outils de toutes sortes, pelles, fourches, crocs, etc., se trouvent épars, tournés au hasard, presque toujours menaçants, et provoquant nombre d'accidents plus ou moins graves, qui ne guérissent maîtres et valets ni de la paresse ni de l'incurie. Les animaux s'habituent jusqu'à un certain point à ce fouillis; les plus âgés se tirent sans encombre de tous ces *impedimenta,* et l'on est forcé de s'avouer, quand on les voit si attentifs et si précautionnés, que l'expérience les fait plus adroits et plus habiles que l'homme ne devient sage et prudent, même à ses dépens. Il n'en est pas ainsi des jeunes, dont la pétulance et l'étourderie l'emportent sur la prévoyance. Parmi ceux-ci, beaucoup payent à la négligence, au mal, un tribut qui affecte parfois d'une manière très-sensible les bénéfices de l'élevage.

Enfin, les cours les plus vastes sont assez généralement nues, lorsqu'elles pourraient être plantées sans aucun inconvénient pour l'ensemble des constructions qui les entourent. En été, le soleil y est ardent; en hiver, rien ne s'y oppose à la violence des vents. Elles devraient être garnies, ornées de quelques arbres disposés, suivant les convenances locales, en bouquets ou en allées, et, chaque fois que le terrain ne s'y refuserait pas, ces arbres devraient être des platanes.

Plusieurs raisons, en effet, justifient cette indication et motivent notre préférence.

Le platane est un fort bel arbre, à la taille élancée et droite, au feuillage simple et magnifique, à l'ombrage frais et épais ; il forme une excellente défense contre les vents, auxquels il résiste parfaitement; mais il a de plus un avantage spécial qui le rend plus précieux encore en l'espèce. Il éloigne des habitations tous les insectes tourmentants. Cela tient bonnement à ce qu'il n'offre

de nourriture à aucun. Enfin, à l'égal de toute végétation luxu-
riante, il purifie l'air extérieur en changeant la proportion des
différents gaz dont est composée l'atmosphère. Il dépouille activement celle-ci du carbone de l'acide carbonique, et lui res-
titue l'oxygène avec lequel ce corps s'était combiné.

L'insalubrité des cours nuit à la salubrité des intérieurs et
rend moins efficace la ventilation, que nous avons dit être indispensable à la conservation en santé des animaux.

5. *Les étables en Allemagne.* — Nous avons voulu qu'on
sache ce que sont les écuries en Angleterre, afin de démontrer
aux anglomanes forcenés de France que les meilleurs, parmi
nous, valent bien les plus savants de l'autre côté du canal ; il
nous reste à présent à dire comment on entend les étables au
delà du Rhin, afin de prouver que nous ne sommes pas, sur ce
point, plus arriérés que les plus progressifs parmi nos émules
de l'Allemagne.

Voici donc ce qu'on lit dans un ouvrage de M. Auguste de
Weckherlin :

« 1° Les animaux doivent être maintenus dans la température
qui leur convient ; l'étable sera donc disposée de façon qu'on
puisse régulariser cette température.

« Les bêtes bovines demandent 10 à 12 degrés Réaumur ; si on
peut tenir séparées les diverses catégories de bêtes, on donnera au jeune bétail, à l'exception des veaux, la température la
plus basse ; au bétail reproducteur, aux vaches à lait et aux
veaux une température plus chaude, et aux bêtes à l'engraissement la température la plus chaude. Mais, comme le démon-
trent ces règles générales, ni le froid ni le chaud ne doivent dépasser une certaine mesure. Par une température froide de
l'étable, les animaux ne se portent pas bien et mangent davantage, sans augmentation correspondante de produit. Tenus trop
chaudement, ils se ramollissent et sont plus sujets à des maladies résultant de refroidissement.

« Afin de pouvoir maintenir la température convenable, l'é-
tendue de l'étable et sa hauteur doivent être mesurées en proportion du nombre de bêtes à y placer ; mais cela dépend

tellement des localités, de la nature du bétail, de sa destination, etc., qu'on ne peut pas préciser de règles générales.

« Une hauteur de 12 pieds est suffisante pour une étable. Ensuite, celle-ci doit être bien abritée du froid par de bons murs, des portes et des fenêtres se fermant bien, un plafond convenable, etc. En ouvrant les fenêtres, on doit pouvoir modérer une température trop haute.

« 2° L'air, dans les étables bovines, doit être pur et modérément sec ; il faut qu'on puisse le renouveler de temps en temps par des fenêtres, des courants d'air, etc. Des étables humides nuisent à la santé des bêtes bovines. On doit donc bien y avoir égard dans le choix de la localité, l'emploi des matériaux de construction, l'arrangement du sol, détails trop souvent négligés.

« 3° Pour ce qui regarde la lumière dans les étables de bêtes bovines, d'après les principes généraux exposés, le jeune bétail demande plus de clarté, tandis qu'un peu d'obscurité convient aux vaches laitières et aux bêtes à l'engraissement. Trop de lumière attire trop de mouches.

« 4° Pour pouvoir procurer de temps en temps aux bêtes bovines, surtout au jeune bétail et dans la stabulation permanente, même en hiver, un exercice salutaire, il doit y avoir à côté de l'étable un enclos. A cette fin, la disposition qui existe en beaucoup d'endroits et par laquelle on laisse sortir le bétail pendant quelques heures dans les cours, sur les tas de fumiers, est très-convenable.

« Telles sont les considérations relatives à la disposition des étables qui se rapportent à la salubrité pour les bêtes bovines. Mais dans la construction convenable de ces étables, il faut encore avoir égard à ce que l'espace soit bien disposé et employé économiquement, savoir :

« 5° L'espace pour les animaux doit être divisé sans perte de place. Il faut à une tête de grand bétail, selon la taille de la race, un espace de 7 à 9 pieds de longueur, 3 pieds 1/2 à 4 pieds 1/2 de largeur ; pour du jeune bétail, selon son âge, un peu moins.

« 6° Le fourrage doit être préparé et divisé d'une manière commode dans des locaux à fourrages situés à côté de l'étable, ou dans des hangars ouverts et aérés pour le fourrage vert, et il sera distribué de manière qu'il ne s'en gâte pas ou ne s'en gaspille que le moins possible par les [animaux. Il ne doit pas non plus rester dans l'étable, où la chaleur et la vapeur le rendraient moins bon et moins salubre.

« 7° Le fumier solide et liquide doit pouvoir se ramasser sans perte et s'enlever commodément de l'étable.

« Les différentes dispositions d'étable existantes répondent plus ou moins à ces conditions ; nous allons les parcourir successivement.

« La disposition d'étable la plus simple et la plus défectueuse est celle où on fait entrer et où on tient les bêtes bovines dans un espace simple, sans autre disposition que des piliers auxquels on attache les animaux. La nourriture leur est jetée sur le sol.

« Dans des étables moins mal organisées, on ne donne pas le fourrage sur le sol, mais sur un banc un peu élevé ; c'est déjà une amélioration d'adapter au banc des auges qui servent à recevoir le fourrage tiré du banc par les animaux, et à empêcher qu'il ne se détériore sous les piétinements du bétail. Si, à l'extérieur de ce banc à fourrage, on élève entre celui-ci et le bétail des poteaux à travers lesquels l'animal doit passer sa tête pour saisir le fourrage, un râtelier horizontal, on s'oppose au gaspillage des aliments et aux coups que se portent les animaux, en mangeant l'un à côté de l'autre. Enfin, on évite qu'ils montent sur le banc, qui est assez bas, comme je l'ai dit.

« Pour épargner cette disposition, au lieu de ce système, on voit encore les animaux placés en rang le long de l'aire à battre le grain ; celle-ci sert d'allée et de banc à fourrage, les bêtes en sont séparées par des perches ou des séparations en planches avec ouverture vers l'aire, et ne peuvent atteindre l'aire qu'avec la tête et le cou pour manger.

« Cette disposition conduit alors à cette autre, que la place du bétail est séparée par une cloison de la crèche et de l'allée à

fourrage, et que le bétail ne peut arriver à la crèche que par
la tête et l'encolure à travers une ouverture de la paroi qui se
ferme par une coulisse; on cherche encore à rétrécir l'ouverture par le bas pour que le bétail, à cause de ses cornes, ne
puisse, passer la tête qu'avec un certain effort et ne puisse, en
la retirant subitement, dilapider du fourrage. Quelquefois aussi
la crèche elle-même est de nouveau divisée en compartiments
pour chaque bête, de façon que chacune a son ouverture particulière à travers la paroi et son compartiment particulier de
crèche.

« Une disposition un peu plus compliquée est celle où, en sus
des crèches, on a adapté des râteliers comme dans les écuries de
chevaux, pour y mettre le fourrage long.

« Après cela, vient la disposition des stalles où chaque bête ou
plusieurs sont séparées des autres par une stalle, de façon qu'on
peut donner à chacune son fourrage séparément.

« Enfin, pour répondre plus parfaitement aux exigences d'une
bonne disposition d'étable, on a de véritables allées à fourrage
le long des auges, soit une allée commune pour deux rangées
de bêtes, soit une allée pour chaque rangée, dans laquelle marchent les personnes chargées de les nourrir et d'où elles présentent la nourriture qui y est tenue prête. Ici également les
aires font quelquefois l'office de ces allées à fourrage. Dans
l'arrangement de ces bancs à fourrage (élevés au-dessus du
plancher), et de ces allées à fourrage (non élevées), on doit
veiller à ce qu'ils soient suffisamment larges, pour des rangées
simples 5 pieds, et pour une double rangée quelques pieds de
plus, à ce que les portes pour l'entrée de la nourriture correspondent directement, et qu'il y ait des portes particulières pour
l'entrée et la sortie du bétail et pour l'enlèvement du fumier.
Dans le placement et l'emploi des portes, on doit autant que
possible faire attention qu'il ne puisse naître aucun mauvais
courant d'air dans l'étable; à cet effet, le mieux est de ne placer les portes que d'un seul côté.

« Comme perfectionnement dans les arrangements d'une étable, on trouve par-ci par-là, selon les circonstances locales, des

conduits pour le résidu liquide de distillerie par lesquels celui-ci coule directement dans les crèches, et des conduits d'eau
pour boire, de façon que ce liquide s'attiédit un peu à l'étable
et qu'on abreuve le bétail dans les crèches, sans qu'il ait besoin de sortir.

« Dans le but de profiter économiquement du fumier et en
même temps pour que le bétail soit autant que possible tenu
sec, il existe dans les meilleures étables la disposition que le
sol est pavé avec des pierres ou avec des madriers, même quand
cela est très-soigneusement arrangé pour les animaux mâles,
la place des reproducteurs est pavée en pierre, puis recouverte
de madriers ; de cette manière l'humidité filtre à travers le bois
et coule sur le pavé en dessous ; la place reste toujours sèche
pour les mâles. Le sol doit avoir une inclinaison d'avant en arrière pour que l'humidité ne séjourne pas sous les animaux,
mais cette inclinaison ne sera pas trop forte et comportera
tout au plus 3 à 4 pouces, parce qu'une pente trop forte pourrait produire chez les vaches, et surtout chez celles qui sont
pleines, des descentes de l'utérus. Derrière l'emplacement occupé par les bêtes, il y a des égouts pour recevoir et évacuer
le purin, qui communiquent avec un réservoir. Des conduits
plats suffisent, et sont beaucoup plus convenables et plus commodes que les gouttières plus profondes, empruntées à la
Suisse, qui se trouvent derrière les animaux, mais qui, du
reste, disparaissent de plus en plus de ce pays.

« Le long de l'égout, derrière les animaux, s'ouvre l'allée pour
enlever le fumier. Elle doit être suffisamment large, au moins
de 4 pieds, pour une allée simple, et un peu plus pour une allée double ; les portes s'ouvriront assez près de ces allées. Ce
n'est que dans peu de contrées, en Belgique, par exemple,
qu'au lieu de l'allée à fumier il se trouve un espace plus grand,
un peu enfoncé, dans lequel on amasse le fumier de matériaux de litière d'une putréfaction difficile, comme d'herbe de
bruyères, etc. Alors il devient nécessaire d'attacher le bétail
assez court pour qu'il ne puisse pas reculer dans l'enfonce-
ment.

« Les autres arrangemements pour le traitement du fumier, du purin, la question de savoir s'il est plus avantageux de le conserver sur des fumiers profonds ou des fumiers plats, de le tenir plus ou moins longtemps ou de le laisser accumuler sous le bétail et autres choses pareilles n'appartiennent pas à l'élève bovine qui, sous ce rapport, n'a qu'à s'occuper des soins de propreté convenables au bétail.

« J'en parlerai plus loin. De ces différents genres de construction dépend l'espace carré qu'il faut pour chaque tête de bétail. Cela peut se calculer d'après les données ci-dessus, mais il est impossible de le préciser d'une manière générale.

« De toutes ces dispositions il ressort qu'il y a dans les étables les mieux construites deux différences principales : 1° les unes avec des bancs à fourrage élevés, rien qu'avec des auges de pierre, de terre cuite ou de bois, *sans râteliers*, en partie avec, en partie sans poteaux à la crèche entre le bétail ; 2° les autres avec des auges et des râteliers, un passage à fourrage non élevé, en partie avec, en partie sans stalles de séparation. Entre les deux espèces se trouvent 3° celles avec un passage à fourrage non relevé, avec de simples mangeoires sans râtelier, mais le banc à fourrage ne communique pas immédiatement avec la crèche, il existe à l'auge sur le côté une planche dirigée verticalement vers le passage à fourrage pour que l'animal puisse le prendre sans le gaspiller.

« Les étables (1 et 2) sont les plus simples ; les premières, munies de poteaux entre la place des animaux et la crèche, sont les plus communes dans l'Allemagne du Nord, la Hollande, etc. ; mais si on fait le passage à fourrage avec l'auge un peu plus élevé, à peu près à 2 pieds, tandis que là il n'est élevé que d'un pied, elles peuvent suffire même sans poteaux, par conséquent être simplifiées, et depuis longtemps je n'ai pas introduit dans les grandes exploitations d'autres dispositions, seulement j'ai fait faire les auges un peu plus profondes, savoir 1 pied de profondeur et 1 pied de largeur. En ce qui concerne la différence entre les n° 1 et n° 3, j'en distingue ainsi les avantages. Le passage non relevé a pour avantage, même lorsqu'il est

commun à deux rangées de bétail, qu'il convient mieux pour
apprêter le fourrage ; car selon la construction de l'étable on
peut même faire entrer le fourrage en charette, et le fourrage
court, surtout la nourriture liquide, peuvent être plus commodément présentés aux animaux. Les passages relevés, au contraire, conviennent mieux pour présenter le fourrage long, qui
est reçu plus commodément, que dans les râteliers, par le banc
à fourrage et l'auge à la fois. Aussi dans les localités où, hiver
et été, on ne veut donner que du fourrage court, les passages
non relevés l'emportent. Mais si on veut donner du fourrage
long, les passages relevés seraient plus recommandables. Des
dispositions plus compliquées, telles que n° 2 avec des râteliers
et des stalles de séparation, comme on en voit souvent dans le
sud de l'Allemagne, en Suisse, etc., ne me paraissent pas nécessaires ; les stalles sont préférables dans de petites exploitations de bétail où on veut faire donner aux différents animaux
des soins tout particuliers, une nourriture particulière, etc. ;
et où on peut le faire sans de trop grands embarras ; mais dans
les grandes exploitations elles deviennent coûteuses, causent
trop d'embarras et perdent aussi de leur valeur, si, comme cela
doit être, on veut toujours alimenter amplement le bétail.

« A propos des dispositions de l'étable, on soulève encore la
question de savoir s'il vaut mieux mettre les rangées de bêtes,
par conséquent aussi les passages à fourrage et à fumier, dans
le sens de la longueur ou de la largeur du bâtiment ; dans ce
dernier cas, il faut augmenter les compartiments de l'étable.

« En mettant les rangées dans la largeur, on gagne ordinairement un peu d'espace ; ainsi, deux rangées ont toujours un
passage à fourrage et un passage à fumier communs, à l'exception des deux rangées aux extrémités ; tandis que, si le bétail
est placé en deux rangées dans la longueur de l'étable, il n'y a
qu'un des deux passages, ou celui à fumier ou celui à fourrage,
qui puisse être commun. Pourtant, dans la première disposition, l'espace gagné n'est pas grand, car presque toujours il
existe à l'intérieur de l'étable ne fût-ce qu'un petit passage de
communication d'une division à l'autre. En revanche, la sépa-

ration de l'étable en plusieurs divisions a ses avantages particuliers pour l'entretien du bétail ; par exemple, sa séparation en différentes espèces dans le cas de maladies contagieuses, etc. Mais aussi le placement du bétail tout le long de l'étable avec un passage ou un banc à fourrage commun pour deux rangées, a de son côté ses avantages dans certaines circonstances ; il donne un coup d'œil meilleur, plus prompt et plus avantageux du bétail, etc. D'après'ma longue expérience, tant chez moi que dans d'autres pays, il n'offre pas d'autres inconvénients particuliers. On devra donc, le cas échéant, s'en tenir à la considération de la localité, car aucun des deux modes de construction, que pour cette raison on voit dans divers pays l'un à côté de l'autre, ne peut d'une manière générale réclamer une préférence marquée. »

FIN.

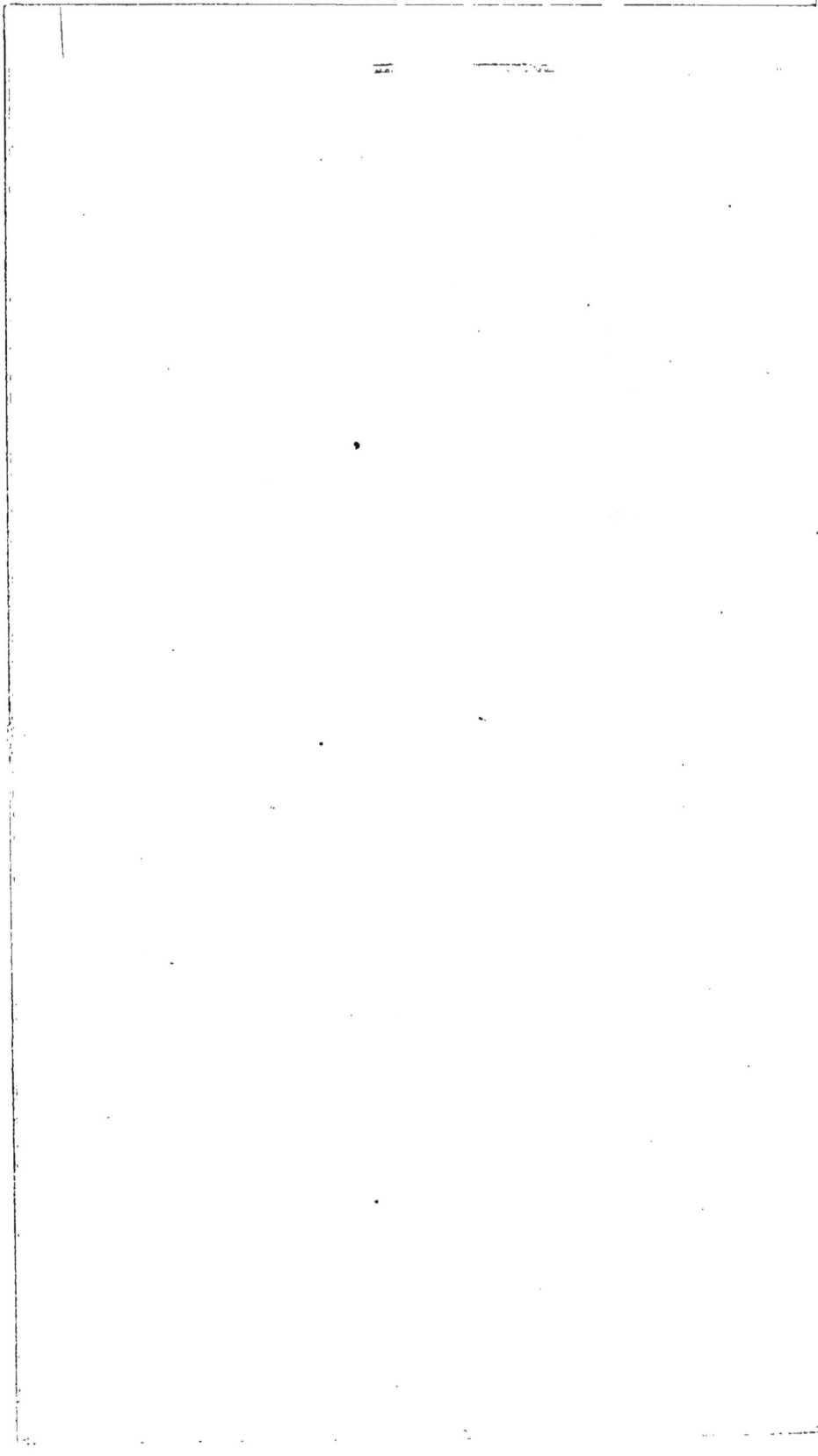

TABLE DES FIGURES.

TABLE DES MATIÈRES.

Eugène LACROIX, éditeur

15, QUAI MALAQUAIS, A PARIS.

BIBLIOTHÈQUE

DES

PROFESSIONS INDUSTRIELLES ET AGRICOLES

PUBLIÉE PAR

Eugène LACROIX, Éditeur

Sous la direction de MM. les Rédacteurs des ANNALES DU GÉNIE CIVIL

AVEC LA COLLABORATION

D'INGÉNIEURS ET DE PRATICIENS FRANÇAIS ET ÉTRANGERS.

EXTRAIT DU CATALOGUE

SÉRIE H.

No 23. Guide pratique du **Vétérinaire** et du **Maréchal** pour le ferrage des chevaux et le traitement des pieds malades, par M. Joseph GODWIN, médecin-vétérinaire des écuries de Sa Majesté Britannique ; traduit de l'anglais. 1 vol., 244 pages et 3 planches. 2 fr.

No 25. Guide pratique d'**Apiculture** (culture des abeilles), cours professé au jardin du Luxembourg par M. HAMET, apiphile, directeur de l'Apiculteur et des conférences agricoles du Jardin d'acclimatation au bois de Boulogne. 1 vol., 328 pages et 106 figures. 2e édition ; nouveau tirage. 3 fr.

No 28. Manuel pratique de **Culture maraîchère**, par M. COURTOIS-GÉRARD, marchand grainier, horticulteur. 4e édition, augmentée d'un grand nombre de figures et de plusieurs articles nouveaux. Ouvrage couronné d'une médaille d'or par la Société impériale et centrale d'agriculture, d'une grande médaille de vermeil par la Société impériale et centrale d'horticulture. 1 vol., 396 pages et figures dans le texte. 3 fr. 50

No 32. Guide pratique de la **Culture des prairies naturelles**, par M. E. GOBIN, directeur de la colonie agricole du Val d'Yèvres. (*Sous presse.*)

No 33. Guide pratique de la **Culture des prairies artificielles**, par le même. (*Sous presse.*)

No 34. Guide pratique du **Défricheur de landes**, par Jules RIEFFEL, directeur de la colonie agricole de Grandjouan. (*Sous presse.*)

No 38. Guide pratique de la **culture de l'Olivier**, son fruit et son huile, par M. Joseph REYNAUD (de Nîmes), négociant et manufacturier. 1 vol., 300 pages. 3 fr.

No 41. Manuel pratique de **Jardinage**, contenant la manière de cultiver soi-même un jardin ou d'en diriger la culture, par M. COURTOIS-GÉRARD, marchand grainier, horticulteur. 6e édition. 1 vol., 396 pages et 1 planche. 3 fr. 50

No 42. Guide pratique de la **Culture de l'osier**, ses propriétés, ses divers emplois, par LE DOCTE. 1 vol. avec figures dans le texte. (*Sous presse.*)

N° 43. Guide pratique de la **Culture du coton,** par M. Si-
cARD, auteur de la *Monographie du Sorgho.* (*Sous
presse.*)

N° 45. Guide pratique du **Tracé** et de l'**ornementation
des jardins d'agrément,** par T. BONA, ancien
architecte, directeur de l'Ecole de dessin industriel
de Verviers. 1 vol. de 234 pages. 5ᵉ édition, complétement refondue et ornée de 238 figures. 2 fr. 50

N° 48. Guide pratique de l'**Acclimatation des animaux
domestiques.** Etude des animaux destinés à l'acclimatation, la naturalisation et la domestication : Animaux domestiques, méthode de perfectionnement,
mammifères, oiseaux, poissons, insectes, vers à soie;
précédée de Considérations générales sur les climats, de l'Exposé des diverses classifications d'histoire naturelle, etc., pouvant servir de *Guide au
Jardin d'acclimatation ;* par M. le docteur B. LUNEL,
ancien professeur d'histoire naturelle, membre de
plusieurs Sociétés savantes. 1 vol., 200 pages,
avec figures dans le texte. 2 fr.

N° 50. Guide pratique d'**Entomologie agricole,** avec figures, par H. GOBIN. (*Sous presse.*)

N° 51. Guide pratique de **Physiologie végétale,** appliquée à l'agriculture et à l'horticulture, par M. Léon
LEROLLES, propriétaire à Marseille. (*Sous presse.*)

SÉRIE I.

N° 1. Guide pratique de la **fabrication des vins factices** et des boissons vineuses en général, ou Manière de fabriquer soi-même des vins, cidres, poirés,
bières, hydromels, piquettes et toutes sortes de
boissons vineuses, par des procédés faciles, économiques et des plus hygiéniques, par M. L.-F. DU-
BIEF, chimiste, auteur de plusieurs ouvrages qui ont
mérité les honneurs de la réimpression en France
et à l'étranger. 1 vol., 72 pages. 1 fr. 50

N° 2. Guide pratique d'**Economie domestique,** publié sous
forme de dictionnaire, contenant des notions d'une
application journalière, chauffage, éclairage, blanchissage, dégraissage, préparation et conservation

des substances alimentaires, boissons, liqueurs de toutes sortes, cosmétiques, soins hygiéniques, médecine, pharmacie, etc., par le docteur B. LUNEL, médecin-chimiste, etc. (*Sous presse.*)

N° 7. Guide pratique de **Législation agricole comparée**, de la France, de l'Angleterre, de la Belgique, de l'Allemagne et de l'Italie, par M. Am. MAYGRIER, secrétaire de l'administration à La Saulsaie.

N° 14. Guide pratique d'**Hygiène** et de **Médecine usuelle**, complété par le traitement du choléra épidémique, par le docteur B. LUNEL, chimiste, membre des Académies impériales des sciences de Caen, etc., ancien médecin commissionné pour les épidémies, etc. 1 vol., 209 p.   **2 fr.**

N° 16. Manuel pratique d'**Ethnographie**, ou Description des races humaines ; les différents peuples, leurs caractères naturels, leurs caractères sociaux ; divisions et subdivisions des différentes races humaines, par M J.-J. D'OMALIUS D'HALLOY. 5ᵉ édition, 1 vol., 128 pages, avec 1 planche en couleur.   **2 fr.**

N° 17. Guide pratique de **Sténographie**, par M. Charles TONDEUR. 1 volume.   **1 fr.**

Paris. — Typographie HENNUYER ET FILS, rue du Boulevard, 7.

2ᴇ SUPPLÉMENT AU CATALOGUE

DE

LA LIBRAIRIE

SCIENTIFIQUE, INDUSTRIELLE ET AGRICOLE

Eugène **LACROIX**, Éditeur

LIBRAIRE DE LA SOCIÉTÉ DES INGÉNIEURS CIVILS

MARS 1864

(Dans ce Supplément sont indiqués toutes les omissions au Catalogue de 1861 et les ouvrages parus depuis. Nous y avons également consigné de nouveau tous ceux dont les prix ont subi des variations. Ce Catalogue annule donc tous les précédents, quant à ces derniers ouvrages.)

AGNÈS (J.-A.), docteur en droit. **Harmonies de la nature**, ou Recherches philosophiques sur le principe de la vie. 2 vol in-8, ensemble 2000 p. Paris, 1861. . . . . . 15 fr.

ALLIBERT (J.), professeur à l'École impériale d'agriculture de Grignon. **Alimentation des animaux domestiques**. Art de formuler des rations équivalentes. 1 vol. in-8 de 123 p. 1863 . . . . 2 fr. 50

ANNALES **du Génie civil**, recueil de mémoires sur les mathématiques pures et appliquées, l'astronomie, les ponts et chaussées, les routes et chemins de fer, les constructions et la navigation maritime et fluviale, l'architecture, les mines, la métallurgie, la chimie, la physique, les arts mécaniques, l'économie industrielle, le génie rural, revue de l'industrie française et étrangère, publiée par une réunion d'ingénieurs, d'architectes, de professeurs

et d'anciens élèves de l'École centrale et des Écoles d'Arts
et Métiers, avec le concours d'ingénieurs et de savants
étrangers. Les Annales du génie civil paraissent mensuellement, depuis le 1er janvier 1862, en cahiers de 4 à 5
feuilles, avec bois dans le texte et 3 ou 4 planches in-4;
elles forment, à la fin de chaque année, 2 volumes ensemble d'environ 900 p. et 1 atlas d'environ 40 pl.

Le prix de l'abonnement est de 20 fr. par an.

Pendant le courant de chaque année, les numéros se
vendent séparément, 3 fr. — Les années écoulées, 25 fr.

La 3e année en cours de publication.

ANNALES d'Agriculture (Nouvelles), par OPPERMANN (C.-A.).
Revue des fermes impériales, organe de la Compagnie des
constructions rurales économiques, de la Compagnie générale du drainage et de la Société d'acclimatation.

Les Annales d'agriculture paraissent mensuellement
depuis l'année 1859. Chaque année forme 1 vol. in-folio
d'environ 135 p. de texte à 2 colonnes, et 30 à 35 pl. in-
folio. Prix de l'abonnement annuel et de chaque année
écoulée. Paris, par an. . . . . 15 fr.
Pour la province. . . . . 18 fr.
Pour l'étranger. . . . . , 20 fr.

ANNALES du Conservatoire impérial des Arts et Métiers.
Recueil de mémoires et d'observations sur les sciences,
l'industrie et l'agriculture, publiés par MM. les professeurs du Conservatoire. M. Charles LABOULAYE, directeur
de la publication.

Les Annales du Conservatoire paraissent tous les trois
mois, depuis le 1er juillet 1860, par cahiers de 12 à 15
feuilles in-8, avec figures dans le texte et des planches
gravées.

Prix de l'abonnement annuel et de chaque année écou-
lée, *franco* pour toute la France. . . . . 16 fr.
Pour l'étranger. . . . . 20 fr.
Le numéro séparé. . . . . 5 fr.

Chaque année forme un fort volume in-8 d'environ 900 p.
avec de nombreuses figures dans le texte et 10 à 15 pl.

ANNALES de l'Institut normal agricole de Beauvais.
Broch. grand in-8 de 38 p. 1862. . . . . 1 fr. 50

ANNUAIRE, ou Recueils des travaux des anciens Élèves des
Écoles d'Arts et Métiers. Cette publication paraît annuellement depuis 1848. Elle forme 1 vol. par an, d'environ
460 p., avec figures dans le texte et planches. . . . 5 fr.
La 16ᵉ année, 1863, est en vente. Quelques volumes
n'existent plus (1848, 1849, 1850 et 1855).

**ANNUAIRE de la Société des sciences industrielles, arts et
belles-lettres de Paris,** année 1863. In-32 de 90 p. 50 c.

ANNUAIRE de la Revue des sciences, Journal de la Société
des sciences industrielles, arts et belles-lettres de Paris,
publié par le docteur B. LUNEL. 1ʳᵉ année, 1862-1863,
grand in-18 de 71 p. . . . . 1 fr.

ANNUAIRE du Turf continental pour 1864, 1 volume
in-18. . . . . 2 fr. 50

**ANSIAUX (LUCIEN) et MASION-LAMBERT. Traité pratique
de la fabrication du fer et de l'acier puddlé,** comprenant les applications de ces matières à la confection des
différents échantillons livrables au commerce. 1 vol. in-8
de 282 p. et un atlas in-4 de 28 pl. . . . . 10 fr.

ARMENGAUD aîné, ingénieur. **Traité théorique et pratique des Moteurs hydrauliques.** Nouvelle édition, entièrement refondue. 1 vol. in-4 de 500 p., avec gravures
dans le texte et atlas in-4 de 21 pl. . . . . 25 fr.
— **Traité théorique et pratique des Moteurs à vapeur.**
2 vol. in-4, d'ensemble 1200 p., gravures dans le texte
et 2 atlas in-4 de 50 pl. (1861-1863). Chaque vol. accompagné de son atlas . . . . 30 fr.
L'ouvrage complet . . . . 60 fr.

ANTIOME (S.). Leçons sur l'art du chauffeur dans les
machines à vapeur. 1 vol. in-18 de 135 p., 1863, avec
1 pl. . . . . 1 fr. 25

**AUBRÉVILLE (LÉOPOLD d'). Réduction réciproque et sans
calculs des monnaies, poids et mesures** de tous les
pays. 1 vol. in-18, cartonné. 1860. . . . . 2 fr. 50

AUBUISSON (d'). Traité d'hydraulique, à l'usage des in-

génieurs. 2ᵉ édition, considérablement augmentée. In-8,
avec planches gravées. . . . . 10 fr.

BARBIER (Cʜ.), ingénieur civil. **Four-séchoir continu** à
foyer locomobile pour la cuite des poteries et des pâtes
céramiques. In-4 de 8 p. et 9 pl. Paris . . . . . . 1 fr.

BARDIN (G.). **Cours de dessin industriel.** In-folio.
  1ʳᵉ partie. Géométrie graphique. . . . . **2 fr. 50**
  2ᵉ partie. Étude géométrique des solides. , . . 5 fr. »
  3ᵉ partie. 1ʳᵉ section. Construction des machines 5 fr. »
  La 3ᵉ partie devra avoir 3 sections.

BASSET (N.). **La Vigne.** Leçons familières sur la gelée et
l'oïdium, leurs causes réelles et les moyens d'en prévenir
ou d'en atténuer les effets. 1 vol. in-12 de 538 p. 1863 5 fr.

BATAILLE (E.-M.). **Traité des machines à vapeur.** 1ʳᵉ section : de la machine à vapeur en général. 1 vol. in-4, texte
et atlas des 42 pl. (*Rare*). . . . . 100 fr.

BATILLIAT (P.). **Traité sur les vins de France** ; des phénomènes qui se passent dans les vins et des moyens d'en
accélérer ou d'en retarder la marche. Des moyens de
vieillir ou de rajeunir les vins. Des produits qui dérivent
des vins, eaux-de-vie, esprits, vinaigres, tartres et vinas-
ses. 1 vol. in-8 de 352 p. avec 4 pl. 1846. . . . 7 fr. 50

BEAU DE ROCHAS (Aʟᴘʜ.). **Nouvelles recherches** sur les
conditions pratiques de plus grande utilisation de la chaleur et, en général, de la force motrice. Broch. in-4
de 53 p. . . . . 6 fr.

— **Des machines locomotives** à grande pression et à grande
adhérence, considérées, en particulier, comme moyens
spéciaux et exceptionnels de traction sur les sections de
chemins de fer à fortes pentes, avec 12 pl. de divers
types . . . . 9 fr.

— **De la traction des bateaux,** fondée sur le principe de
l'adhérence. Broch. in-4 de 40 p. et 6 pl. . . . . . 15 fr.

BÉCHAMP. **Leçons** sur la fermentation vineuse et sur la
fabrication du vin. In-12 de 150 p. Montpellier. 2 fr. 50

BELENEY. **Nouvelle théorie des parallèles.** Broch. in-8
de 38 p. avec 6 pl . . . . 3 fr.

BENGY-PUYVALLÉE (M.-C.-A. de), ancien président de la Société d'agriculture du Cher. **Mémoire sur la culture du pêcher**; 2ᵉ édition. In-12 de 234 p. et 3 pl.   3 fr. 50

BERNIER aîné et FERD. ARBEY. **Description des machines-outils** propres à travailler le bois et d'outils à la main destinés au même usage. In-4. . . . . 2 fr. 50

BERTON (F.). **Sous-détails raisonnés** propres à servir à l'établissement des prix et au réglement des travaux de pavages et carrelages. Grand in-8. . . . . 3 fr.

BEUMANN (G.). **Sous-détails raisonnés** propres à servir à l'établissement des prix et au réglement des travaux de maçonnerie. Gr. in-8 de 53 p. . . . . 6 fr.

BEZON. **Dictionnaire général des tissus anciens et modernes.** Ouvrage où sont indiquées et classées toutes les espèces de tissus connues jusqu'à ce jour, soit en France, soit à l'étranger, notamment dans l'Inde, la Chine, etc., avec l'explication abrégée des moyens de fabrication et l'entente des matières, nature et apprêt, applicables à chaque tissu en particulier. 8 vol. in-8 d'ensemble environ 3000 pages . . . . 48 fr. »
    Chaque volume séparé . . . . 7 fr. 50

IROT (F.), ingénieur civil. **Traité élémentaire des routes et ponts**, ou Exposé des principes théoriques et pratiques de l'art de l'ingénieur, suivi d'une notice sur le service hydraulique et d'une méthode simplifiée de plan-nivellement pour projets de drainage et d'irrigations, etc. 2ᵉ édition. In-8 de 315 p. et 8 pl. in-4 . . . . 10 fr.

LANCHÈRE (H. de la), peintre et photographe, délégué à l'Exposition universelle de Londres de 1862. **Répertoire encyclopédique de photographie**, comprenant, par ordre alphabétique, tout ce qui a paru et paraît en France et à l'étranger depuis la découverte par Niepce et Daguerre, de l'art d'imprimer au moyen de la lumière, et les notions de chimie, physique et perspective qui s'y rapportent. Partie non périodique. 2 vol. in-8, ensemble 1000 p., nombreux bois dans le texte. Paris . . . . 18 fr.

LAVIER, inspecteur des lignes télégraphiques. **Cours théo-**

rique et pratique de télégraphie électrique. In-18 jésus de 471 p., 6 pl. 15 fr.

BOBILLIER (E.-E.), chef des études et professeur de mécanique aux Écoles nationales d'Arts et Métiers de Châlons et d'Angers. **Cours de géométrie.** 11e édition. In-8, avec figures dans le texte. 1857 . . . . 6 fr. 50

— **Principes d'algèbre,** 4e édition. In-8. 1857. (*Ouvrage adopté par le ministre de l'agriculture et du commerce pour les Écoles nationales d'Arts et Métiers.*) 3 fr. 50

BOCHET (P.-A.) **Guide du comptable,** ou nouveaux Éléments de comptabilité commerciale. Grand in-8 de 120 p. 5 fr.

BONNEFOUX (le baron de), capitaine de vaisseau. **Manœuvrier complet,** ou Traité des manœuvres de mer, soit à bord des bâtiments à voiles, soit à bord des bâtiments à vapeur. 1 vol. in-8 de 580 p. . . . . 7 fr.

— **Séances nautiques,** ou Traité élémentaire du vaisseau à la mer. 2e édition. 1 volume in-8 de 456 p. . . 7 fr. 50

BORDE (P.), ingénieur civil. **Tables des surfaces** pour les calculs des **déblais et remblais de chemins de fer, routes et canaux,** suivies d'autres tables pour le tracé des courbes sur le terrain. 3 vol. in-8 , ensemble 1168 p. . . . 30 fr.
1er volume, déblais ; 2e volume, remblais ; 3e volume, rochers.

BORTIER. **Production de nitrates,** leur application en agriculture. Broch. in-8 de 16 pages . . . . 1 fr.

BRÉART (E.). **Manuel du gréement et de la manœuvre,** pour servir au brevet de capitaine au long cours et de maître au cabotage, suivi de notes utiles à tous les marins. Deuxième partie. Manœuvres particulières au bâtiment à vapeur. Grand in-8 de 110 p. . . . . 3 fr.
L'ouvrage complet, 1 vol. et atlas . . . . 10 fr.

BREES (S.-C.), ingénieur. **Science pratique des chemins de fer.** Collection des plans et détails des constructions pour tunnels et galeries souterraines, viaducs, ponts en maçonnerie, en fonte et en charpente ; aqueducs, murs de soutènement, conduits et rigoles, déblais et remblais, chemins permanents, coussinets, etc., déblais dans le roc, stations,

grues, plateaux tournants et gares d'évitement, d'après
les travaux les plus remarquables exécutés sur les divers
chemins de la Grande-Bretagne. Traduit de l'anglais, revu
et augmenté d'une introduction et d'un appendice. 1 vol.
in-4 de 164 p. et 77 pl. in-folio. 1841. . . . . 35 fr.

BROISE et THIEFFRY, autographes. **Album encyclopédique**
des chemins de fer, publication autorisée par les compagnies. Chaque livraison mensuelle se compose de 12 pl.
1/2 gr. aigle.
    Prix de la livraison. . . . . 4 fr. «
    La 1/2 feuille gr. aigle. . . . . » 50 c.
    La feuille gr. aigle. . . . . 1 fr. «
    18 livraisons sont parues de 1861 à 1863.

BRUÈRE (R.) **Traité de consolidation** des talus, routes, canaux et chemins de fer. 1 vol. in-12 de 312 p., accompagné
d'un atlas in-4 de 25 pl. . . . . 10 fr

BRUN (Jacques), pharmacien. **Fraudes et maladies du vin**.
Moyens de les reconnaître et de les corriger avec un traité
des procédés à suivre pour faire l'analyse chimique de tous
les vins . . . . 4 fr.

BULLETIN de la Société industrielle d'Amiens, paraissant
tous les deux mois.
    3e année, 1864, en cours de publication.
    Prix de l'abonnement à l'année. . . . . 10 fr.
    Les numéros séparés. . . . . 3 fr.

BULLETIN de la Société de l'industrie minérale. Publication
trimestrielle, publiée par les soins de ladite Société.
    Les quatre numéros annuels de cette publication forment
un vol. de 700 à 750 pages et un atlas d'environ 30 pl.
in-folio. La date de la publication remonte au mois de
juillet 1855.
    Prix des livraisons séparées (3 mois) . . . . . . 7 fr.
    Prix de chaque volume ou année. . . . . 25 fr.
    Le tome IX (1863-1864) est en cours de publication.

BURAT (Amédée). **Gisement et exploitation des minéraux
utiles.** 2 volumes in-8. Ensemble 1090 p. . . . . . 20 fr.

— **Situation** de l'industrie houillère en **1861**. 1 volume
in-8. . . . . 2 fr. 50

    Id. 1862. . . . . 2 fr. 50

BUREAU (Th.) **Manuel des chauffeurs et conducteurs des
machines à vapeur,** comprenant la description , la conduite, l'entretien et les dérangements des machines à vapeur fixes employées dans l'industrie. In-12 de 163 p.,
avec 103 figures . . . . 4 fr.

CAILLET (V.). **Tables des logarithmes et co-logarithmes,**
des nombres et des lignes trigonométriques à six déci-
males, disposées de manière à rendre les parties propor-
tionnelles toujours additives, suivies d'un recueil de tables
astronomiques et nautiques. 1 vol. in-8. . . . . 9 fr.

CALLET (F.). **Table des logarithmes.** 1 vol. grand in-8 de
680 p., 1795, tirage de 1862 . . . . 10 fr.

CARRIÉ (l'abbé). **Hydroscopographie et Métalloscopogra-
phie,** ou l'Art de découvrir les eaux souterraines et les
gisements métallifères au moyen de l'électro-magnétisme.
1 vol. in-8. . . . . 5 fr.

CARROT (J.-B.). **Sous-détails raisonnés** propres à servir
à l'établissement des prix et au réglement des travaux de
charpente. Grand in-8 de 23 p. . . . . 3 fr.

CARTERON (A.). **Notice sur l'inflammabilité** des pailles ,
papiers, bois , huiles, goudrons, peintures et tissus de
toute nature. In-8 de 55 p. . . . . 1 fr.

CARTIER (Émile). **Album et calculs de résistance** de fers
marchands et spéciaux. In-folio, avec 16 pl. . . . . . 5 fr.

CARTIER (le baron). **Du Minium de fer** comparé au **Minium de plomb.** In-8 de 31 p. . . . . 1 fr.

CATALAN (Eug.). **Manuel des candidats à l'École polytechnique.** Tome Ier, algèbre, trigonométrie, géométrie
analytique à deux dimensions, avec 167 fig. dans le texte.

    Tome II , géométrie analytique à trois dimensions , mé-
canique, avec 139 fig. dans le texte.

    Ensemble, 2 vol. in-18. . . . . 9 fr.

CAUDERLIER. **Économie culinaire.** 1 v. in-8 de 348 p.   4 fr.

    La cuisinière. 1 vol. in-12 de 142 p. . . . . . . 1 fr. 25

CAVROIS, agent-voyer en chef. **Manuel des agents voyers,
experts**, etc., en matière de subventions industrielles,
suivi de l'analyse de plus de 300 arrêts du Conseil d'État,
avec annotations de l'auteur, formant jurisprudence complète sur ce sujet, et d'une collection de modèles et de
formules. 1 vol. in-8 de 160 p., 3e édition. . . . . . .   3 fr.

CHAPPE (l'aîné), ancien administateur des lignes télégraphiques. **Histoire de la télégraphie.** Nouvelle édition précédée de l'origine du télégraphe Chappe, et d'observations
sur la possibilité de remplacer le télégraphe aérien par un
télégraphe acoustique. 1 vol. in-8 de 270 p. et atlas in-4
de 34 pl. (*Rare*). . . . .   15 fr.

CHATELAIN (Martin) et VOLLIER. **Maltage pratique.** Ouvrage destiné à maintenir ou à remettre les brasseurs et
les ouvriers malteurs en bon chemin. 1 vol. in-8 de 92 p.,
3e édition, corrigée. . . . .   2 fr.

CHAVANNES (Auguste), docteur à Lausanne. **Les principales maladies des vers à soie** et leur guérison, avec
l'exposé pratique du moyen de faire disparaître ces maladies, et de régénérer sûrement les races. 1 vol. in-8
de 111 p. et 1 pl. . . . .   3 fr.

CHEVALIER (M.). **L'immense Trésor des sciences et des
arts**. 840 recettes et procédés nouveaux. 10e édition.
1 vol. in 8 de 440 p. 1861. . . . .   5 fr

CHEVALLIER fils et GRIMAUD fils. **Les secrets de l'industrie
et de l'économie domestique**, mis à la portée de tous.
Choix de recettes et de procédés utiles, la plupart nouveaux et inédits. Moyens simples et faciles de reconnaître
les falsifications dans les principaux aliments et produits de
l'industrie, par M. Alphonse Chevallier fils, chimiste, etc.,
et M. Émile Grimaud fils, sous la direction de M. A. Chevallier, pharmacien chimiste à Paris, etc. In-8, viii-392 p. 5 fr.

CHEVREUL (E.), membre de l'Institut. **Théorie des effets
optiques** que présentent les étoffes de soie. 1 vol. in-8 de
208 p., 1 fig. Paris, 1864. . . . . , 5 fr.

CHRÉTIEN (J.). **Des machines-outils**, leur importance, leur
utilité, progrès apportés dans leur fabrication. Broch. in-8

de 55 p., avec 3 pl. grand in-folio. . . . . 3 fr.

CHRISTIAN. **Traité de mécanique industrielle,** ou exposé de la science de la mécanique déduite de l'expérience et de l'observation, principalement à l'usage des manufacturiers et des artistes. 3 vol. in-4. Ensemble 1481 p., 4 pl. et atlas in-4, 60 pl. (reliure basanne). Paris, 1825. (*Rare.*). . . . . 50 fr.

CLARINVAL (A.). **Amortissement des obligations de chemins de fer.** 1 vol. in-4 de 72 p. 1863 . . . . 5 fr.

COIGNET (FRANÇOIS). **Emploi des bétons agglomérés** pour fortifications, ponts, digues, voûtes, aqueducs, chemins de fer, travaux à la mer, pierres artificielles. 1 vol. in-8 de 376 p. 1862. . . . . 5 fr.

COMBES (CH.), ingénieur en chef des mines. **Traité de l'exploitation des mines.** 3 vol. in-8, avec atlas. (*Rare*). 90 fr.

COMPAGNON (CH.) **Traité complet théorique et pratique** des transactions sur les blés et farines, etc. 1 vol. in-12 de 148 p. ou tableaux . . . . 3 fr. 50

— **Contrôle raisonné du traité complet théorique et pratique** des transactions sur les blés et farines. Broch. in-18 de 14 p. . . . . 2 fr.

Les deux ouvrages. . . . . 5 fr.

CONTANT. **Parallèle des théâtres.** Cet ouvrage, d'un grand intérèt et d'une utilité réelle au pointde vue architectural, ne laisse rien à désirer pour tout ce qui se rattache à l'art du décorateur et du machiniste; il est traité avec toute l'autorité du talent que son organisation exige. Il se compose de deux parties : la première contient 91 pl. représentant les principaux théâtres de l'Europe (plans, coupes, élévations), à l'échelle de 5 millim. par mètre ; la deuxième, composée de 42 pl., représente les machines théâtrales françaises, anglaises et allemandes, à l'échelle de 1 centim. par mètre. L'ouvrage complet . . . . 160 fr.

COQUELIN (CH.). **Essai sur la filature mécanique du lin et du chanvre.** 1 vol. in-8 de 356 p. 1840. (*Rare.*) 15 fr.

CORBIN (HENRI), ingénieur civil. **Les Inventeurs,** leur sort actuel : de la nécessité et des moyens de l'améliorer.

Broch. in-8 de 48 p. 1862. . . . . 1 fr. 25

CORNIOT (F.). **Sous-détails raisonnés** propres à servir à l'établissement des prix et au réglement des travaux de couverture. Gr. in-8 de 27 p. . . . . 4 fr.

COUSSIN (C.), membre de l'Académie nationale de Paris, etc. **Catéchisme agricole.** In-8 de 47 p. . . . . 50 c.

COUTELAS (C.-F.). **Traité spécial** sur la théorie, la construction et la vérification des instruments de pesage, avec figures ; indispensable aux vérificateurs des poids et mesures. In-8 de 61 p. et 1 pl. Paris, 1862 . . . . . 3 fr. 50

CRESSON (A.-J.). **Principes de dessin linéaire.** Enseignement méthodique, texte et planches. Grand in-8.   2 fr. 50

CURTEL (AD.). **Considérations** sur la fabrication et la meilleure forme à donner à la section des rails. Broch. in-8 de 66 p., avec un tableau . . . . 2 fr.

DALLOZ (ÉDOUARD), avocat. **De la propriété des mines** et de son organisation légale en France et en Belgique. Guide théorique et pratique du légiste, de l'ingénieur et de l'exploitant, suivi de recherches sur la richesse minérale et la législation minière des principales nations. 2 vol. in-8, ensemble 1370 p. Paris, 1862 . . . . 20 fr.

DALLOT (A.). **Ponts métalliques.** Description du pont de l'Escaut à Audenardes (chemin de fer Hainault et Flandres), renfermant une méthode nouvelle pour le calcul et la construction des arcs. Broch. in-8. 1862. . . . . . 6 fr.

DECROOS (GABRIEL). **Traité sur les savons solides,** ou Manuel du savonnier et du parfumeur. 1 vol. in-8. (*Rare.*)   15 fr.

DEGOUSÉE et CH. LAURENT. **Guide du Sondeur,** ou Traité théorique et pratique des sondages. 2 vol. in-8, avec figures dans le texte et un atlas de 60 pl. . . . . 30 fr.

DELAUNAY. **Cours élémentaire de mécanique.** 5e édit. 1 vol. grand in-18, avec 548 fig. dans le texte. . . . . 8 fr.

— **Traité de mécanique rationnelle,** 3e édit. In-8 de 571 p. et fig. dans le texte . . . . 8 fr.

— **Cours élémentaire d'astronomie,** concordant avec tous les articles du nouveau programme officiel pour l'enseignement de la cosmographie dans les lycées. 3e édition.

1 vol. grand in-18, avec 389 fig. dans le texte. . 7 fr. 50

DELESSE. **Matériaux de construction à l'Exposition de Londres.** Broch. in-8 de 275 p. . . . . 2 fr. 50

DELVINCOURT, avocat. **Livre des entrepreneurs et concessionnaires de travaux publics**, contentieux, administratif, en matière de travaux publics. 3ᵉ édit., entièrement refondue. In-8, III-576 pages. . . . . 10 fr.

— **Dictionnaire technologique**, ou nouveau Dictionnaire universel des arts et métiers et de l'économie industrielle et commerciale, par une société de savants et d'artistes. 22 vol. in-8 de texte et 2 atlas . . . . 160 fr.

— **Distribution de l'eau potable** dans les fontaines publiques, les établissements industriels, les maisons particulières de Berlin. Dessins et constructions des bâtiments, bassins, réservoirs, machines, pompes et filtres. 25 pl. in-plano, avec un texte français et allemand. . . 40 fr.

DORSAZ (J.-P.) et CAPTIER (G.). **France, Italie.** De la traversée des Alpes en chemin de fer.

Avant-propos sur l'établissement d'une voie directe. Considérations sur les divers passages. In-8 de 84 p. et une carte . . . . 2 fr.

DUBIEF (L.-F.), distillateur. **Traité théorique et pratique de vinification**, ou Art de faire du vin avec toutes les substances fermentescibles, en tous temps et sous tous les climats. 3ᵉ édit. 1 v. in-8 de 390 p. et 1 pl. 1863   7 fr. 50

— **Le liquoriste des dames**, ou l'Art de préparer en quelques instants toutes sortes de liqueurs de table et des parfums de toilette, avec toutes les fleurs cultivées dans les jardins, suivi de procédés très-simples et expérimentés pour mettre les fruits à l'eau-de-vie, faire des liqueurs et des ratafias, des vins de dessert, des sirops, etc. 1 vol. in-12 de 108 p. 1861. . . . . 2 fr. 50

DUBOIS (EDMOND). **Le nouveau Cosmos**, revue astronomique pour l'année 1862. 1 vol. in-12 . . . . 2 fr.

DUMAS, membre de l'Institut. **Traité de chimie** appliquée aux arts. 8 vol. in-8 et 2 atlas. (*Rare.*) . . . . . 150 fr.

DU MONCEL (TH.). **Exposé des applications de l'électricité.**

Tome 4ᵉ. Revue des découvertes faites en 1857 et
1858 . . . . 10 fr.

Tome 5ᵉ. Revue des découvertes faites en 1859, 1860,
1861 et 1862. . . . . 10 fr.

Les 5 vol. parus . . . . 46 fr.

DUROY DE BRUIGNAC. **Étude sur l'enquête relative à l'industrie métallurgique**, faite à l'occasion du traité de commerce avec l'Angleterre. Broch. in-8 de 71 p. 1862. 2 fr. 50

DUSUZEAU. **Premières connaissances en agriculture** conformes au programme officiel d'enseignement primaire. 1 vol. in-18 de 125 p. . . . . 50 c.

ÉDUCATION INTERNATIONALE. Documents du concours provoqué par M. A. BARBIER, en décembre 1861, pour la fondation d'un collège international. Broch. in-4 de 123 p. . . . . 3 fr.

ÉMY, colonel du génie. **Traité de l'art de la charpenterie.** 2 forts vol. in-4, accompagnés d'un magnifique atlas in-folio, demi-jésus, de 158 pl. (*Rare.*) . . . . . 150 fr.

ÉTUDES **sur l'Exposition universelle de Londres en 1862**, renseignements techniques sur les procédés nouveaux manifestés par cette Exposition, par MM. ALCAN, BECQUEREL, professeurs au Conservatoire des Arts et Métiers ; BOQUILLON, CHAMBRELENT, DEHÉRAIN, Eug. FLACHAT, Ch. LABOULAYE, général MORIN, contre-amiral PARIS, PAYEN, SAINT-EDME, SALVETAT et H. TRESCA. Ouvrage illustré d'un grand nombre de gravures sur bois et de planches. In-8 de 912 p. Paris. . . . . 16 fr.

FABRÉ (M.-V.). **Notions économiques.** Application aux tarifs et à la gestion des chemins de fer. Broch. grand in-8 de 47 p., avec 1 pl. . . . . 2 fr. 25

FAURÉ (J.), pharmacien. **Analyse chimique et comparée des vins** du dépᵗ de la Gironde. Broch. in-12 de 58 p., 6 tableaux. . . . . 3 fr. 50

FLACHAT (EUGÈNE). **Chemin de fer.** Questions de tracé et d'exploitation. 1 volume. in-8 de 83 p. 1863. . . . 3 fr.

FLAMM (P.). **Le Verrier du XIXᵉ siècle,** ou Enseignement théorique et pratique de l'art de la vitrification, tel qu'il

est pratiqué de nos jours. In-8 de 512 p. et fig. dans le
texte. 1863. . . . .   12 fr.

FORNEY (Eugène). **Le jardinier fruitier.** Principes simpli-
fiés de la taille des arbres fruitiers, augmentés d'une
étude sur les bons fruits. 2 vol. in-8.

Tome Ier. Fruits à pépins.

Id. 2e. Id. à noyau, vigne, etc. Paris, 1863.
Chaque vol. . . . .   4 fr.

FOUCHÉ (J.). **De l'enseignement oral du dessin industriel**
dans l'éducation artistique et professionnelle. Broch. in-8
de 39 p. 1863. . . . .   1 fr.

FRANQUOY (J.), ingénieur. **Des progrès de la fabrication
du fer** dans le pays de Liége. Mémoire couronné par la
Société libre d'émulation de Liége. 1 vol. in-8 de 146 p.
1861 . . . .   3 fr. 50

— **De la fabrication des combustibles agglomérés,** ou Bri-
quettes du charbon pour les usages industriels, études
sur les usines d'agglomération du bassin de Charleroy.
1 volume in-8 de 64 pages, 6 planches . . . . .   3 fr. 50

GASTINEAU (Benjamin). **Histoire des chemins de fer.** 1 broch.
in-18 de 34 p. . . . .   50 c.

GAULTIER DE CLAUBRY. **Répertoire de chimie, de physique et d'applications aux arts.** 5 vol. in-8. (*Rare.*)   50 fr.

GAUTHEY, inspecteur général des ponts. **Traité de la construction des ponts,** ouvrage posthume, publié avec des
additions, par M. Navier, son neveu. Paris, Didot, 1809.
1816. 3 volumes in-4, avec 36 planches gravées par Adam.
(*Rare.*). . . . .   75 fr.

GAYOT (Eugène). **L'Agriculture en 1862,** expositions et
concours, à travers champs. 1 vol. in-12 de 358 p.
1re année, 1862, 3 fr. 2e année, 306 p. 1863. . . .   3 fr.

GILLET-HÉNAULT. **Système métrique d'égalité,** ou Tarif
des nouvelles mesures. 2e édition, in-12 de 544 p.   3 fr. 50

GIRARD (L.-D.). **Moteur à air chaud par génération à volume constant,** ou pression supplémentaire plus grande
que celle de l'air froid comprimé, reconstitution de la
température pendant la détente, régénération de la cha-

leur et alimentation du foyer par l'air chaud sortant de la machine. 8 pl. in-folio double, avec texte. In-4. 1863   30 fr.

GIRARD (Hilarion). **Guide général de l'entrepreneur, de l'ouvrier en bâtiment et du propriétaire.** In-12 de 359 pages . . . . 3 fr.

GIRAULT (Ch.). **Cinématique.** Principes relatifs à la transmission du mouvement d'un corps solide à un autre. Broch. in-8. 1863. (Extrait des Annales du Génie civil.). . . 2 fr.

GODARD (C.-N.-J.). **La vie rurale,** contenant tout ce qui a rapport à la basse-cour et aux animaux domestiques, l'explication de l'influence de la nourriture et des soins sur les animaux, en général, et sur la vache laitière en particulier, suivie des causes qui contribuent à leur dégénération, ainsi que d'un grand nombre de renseignements, de comparaisons et d'observations très-utiles pour tous ; des principes et méthodes de culture pour les arbres, les fleurs, les fruits, les pépinières, les vignes, les vignobles, la taille, la greffe des arbres et la multiplication des végétaux en général, etc. 1 vol in-12 de 200 p. 1861   3 fr.

GOSCHLER (Ch.), ingénieur. **Note sur les chemins de fer Suisses.** 1 tableau et 2 pl. (Extrait des Mémoires de la société des Ingénieurs civils.) Paris, 1857. . . . . . . 2 fr.

GOSSIN (L.). **Enseignement agricole.** Extrait de l'Encyclopédie pratique de l'agriculteur. Broch. in-8. 1861. . 1 fr.

GOURCY (le comte Conrad de). **Voyage** dans le nord de l'Allemagne, la Hollande et la Belgique. 1 vol. in-8 de 296 pages. 1860 . . . . 3 fr. 50

— **Voyage agricole** en Belgique et dans plusieurs départements de la France. 1 vol. in-8 de 248 p. 1849.   3 fr. 50

— **Second voyage agricole** en Belgique, en Hollande et dans plusieurs départements de la France. 1 volume in-8 de 401 p. 1850 . . . . 5 fr.

— **Troisième voyage** en Angleterre et en Écosse. 1 volume in-8 de 280 p. 1855 . . . . 5 fr.

— **Voyage agricole** en Prusse, Hollande, Belgique et dans plusieurs parties de la France. In-8 de 351 p. 1863.   4 fr.

— **4ᵉ Voyage agricole** en Angleterre et en Écosse, fait

en 1859. 1 vol. in–8 de 284 p. 1861. . . . . 3 fr. 50
— **Voyage agricole** en France, Allemagne, Bohème, Belgique. 1 vol. in-8. 1861. . . . . 3 fr. 50
— **Voyage agricole** en Normandie, dans la Mayenne, en Bretagne, dans la Touraine, le Berri, etc. 1 vol. in-8 de 312 p. 1862. . . . . 4 fr.
— **Voyage agricole** dans l'intérieur de la France. 1 vol. in-8 de 160 p. 1855. 3 fr. 50
— **Notes agricoles** extraites des divers journaux d'agriculture anglais. 1 broch. in-8 de 76 p. 1853 . . . 1 fr. 50
— **Promenades agricoles** dans le centre de la France. In-8 de 71 p. 1851 . . . . 1 fr. 50
— **Pérégrinations agricoles.** In-8 de 96 p. 1858 . . . 2 fr.
— **Notes** extraites d'un voyage agricole dans l'ouest, le sud-ouest, le midi et le centre de la France et le nord de l'Espagne. In-8 de 84 p. 1851. . . . . 1 fr. 50
— **Itinéraire** destiné aux cultivateurs du continent qui désirent connaître l'agriculture anglaise. In-8 de 32 p. 1854. . . . . 1 fr.
GOYARD (DIDIER). **Nouveau Traité du solivage métrique des bois en grume**, aux 5e et 6e déduits; augmenté de l'ancien tarif du même auteur, et suivi de : 1º un tableau supplémentaire pour le solivage des bois dégarnis de leur écorce; 2º un tableau comparatif de la différence qui existe entre la solive nouvelle et l'ancienne; 3º un tarif du bois de sciage; 4º un tarif du poids des solives nouvelles; 5º un tarif du poids du stère de bois de corde. Nouvelle édition. In–8 de 55 p. Bar-sur-Aube. . . . 1 fr.
— **Nouveau Tarif du poids des fers et des fontes** de toutes dimensions, divisé en plusieurs catégories, suivi d'autres tarifs pour le plomb en feuilles et en tuyaux, pour le zinc en feuille de tous numéros. In-8 de 59 p. 1 fr.
GRAEFF, ingénieur en chef des ponts et chaussées. **Construction des canaux et des chemins de fer.** Travaux exécutés, dans les Vosges, au chemin de fer de Paris à Strasbourg, et au canal de la Marne au Rhin. Analyse détaillée et classement méthodique des dépenses faites

pour ces travaux. 1 vol. in-8 de 371 p. et atlas de 6 pl.
in-folio. . . . . 15 fr.

GRANDVOINNET (J.). **Traité complet de mécanique agricole.** 2 vol. in-12, ensemble 446 p., avec bois dans le texte
et atlas de 29 pl. . . . . 9 fr.

GRISON (THÉOPHILE). **Le teinturier au XIX**e **siècle,** en ce qui
concerne les tissus où la laine est la substance textile pré-
dominante. 1 vol. grand in-8 de 287 pages et nombreux
échantillons . . . . 26 fr.

GUÉRARD. **La marine à vapeur dans une guerre maritime.** Broch. in-8 de 63 p. . . . . 1 fr. 25

GUETTIER (A.). **Étude sur l'instruction industrielle.** Br.
in-8. 1862. . . . . 3 fr.

— **De la propagation des connaissances industrielles**,
suite aux études sur l'instruction industrielle. Brochure
in-8. 1863. . . . . 2 fr. 50

GUILLAUME, ingénieur constructeur. **Tableau de la résistance des fers à** T employés dans les constructions de
bâtiments et autres. Broch. in-folio. . . . . 2 fr. 75

HAMET, professeur d'apiculture. **Cours pratique d'apiculture** (culture des abeilles), professé au jardin du Luxembourg. 1 vol. in-18 de 328 p. 2e édition. 1861. . 3 fr.

HERVÉ-MANGON. **Exposition universelle de 1862.** Machines
et instruments d'agriculture. In-8 de 208 p. Paris. . 3 fr.

HEYLANDT (CH.-AUG.). **Traité sur l'emploi pratique des
instruments d'agriculture.** Broch. in-8 de 107 p. 1863. 1 fr.

HIRN. **Notice sur l'utilité de l'arithmomètre et de l'hy-
drostat.** Broch in-8. 1863 . . . . 2 fr.

HUGUENET (J.). **Asphaltes et naphtes.** Considérations générales sur l'origine et la formation des bitumes fossiles,
de leur emploi et de leurs propriétés aux travaux publics
et privés. 2e édition, entièrement revue. 1 vol. in-8 de
404 p. 1852 . . . . 10 fr.

HULIN (V.). **Sous-détails raisonnés** propres à servir à l'établissement des prix et au réglement des travaux de serrurerie. Grand in-8 de 45 p. . . . . 5 fr.

ANNENEY (P.), ingénieur civil. **Calculs de la sortie de la**

vapeur dans les machines locomotives, précédés d'une théorie générale et de formules pratiques sur la distribution provisoire et par avance. 1 vol. in-8 de 197 p., table et 7 pl. . . . . 10 fr.

JARIEZ (J.), ancien sous-directeur des Écoles de Châlons et d'Aix, ancien professeur de mécanique à l'École d'Angers, fondateur et directeur de l'École de Lima (Pérou). **Cours élémentaire** de sciences mathématiques, physiques et mécaniques appliquées aux arts industriels, à l'usage des Écoles impériales d'Arts et Métiers et des Écoles professionnelles.

Tome I. Arithmétique. 5e édit. In-8 de 222 p.   3 fr. 50

Tome II. Notions d'algèbre et de trigonométrie. In-8 de 336 p. et planches . . . . 5 fr.

Tome III. Géométrie élémentaire. 3e édition, revue et corrigée par l'auteur. In-8 de 498 p., 831 fig. dans le texte. (*Rare.*)

Tome IV. Géométrie descriptive. 3e édition, revue et corrigée. In-8 de 183 p. et atlas de 13 planches. .   6 fr.

Tomes V et VI. Mécanique industrielle. 3e édition. 2 vol. in-8, ensemble de 815 p. et 13 pl. . . . . 14 fr.

— **Curso completo** de ciencias matematicas, fisicas y mecanicas aplicadas à las artes industriales ; por J. JARIEZ. Traducido al castellano de la última edicion hecha en Francia en 1849 por Francisco Solano Pérez. Segunda edicion, revista y corregida por el autor.

Tomo I. Aritmética. In-8 de 252 p. . . . . 5 fr.

Tomo II. Aljebra y trigonometria. In-8 de 348 pages, 50 fig. . . . . 6 fr.

Tomo III. Jeometria elemental. Tercera edicion, revista i correjida por J. Jariez. In-8 de 498 p., 831 fig. .   8 fr.

Tomo IV. Jeometria descriptiva. Segunda edicion, revista y correjida por el autor. In-8 de 183 p., 13 pl. . . . 7 fr.

Tomo V, VI. Mecanica industrial. 2 vol. in-8 de 800 p., 12 pl. Paris . . . . 18 fr.

KARSTEN (C.-J.-B.). **Manuel de la métallurgie du fer**, traduit de l'allemand par Culmann. 2e édition, entièrement

refondue et augmentée. 3 vol. in-8, ensemble 1854 p.
et 19 pl. . . . . - . . . . 21 fr.

KERHALLET (de), de FRÉMINVILLE, BOUTROUX, TER-
QUEM, Ch. LABOULAYE. **Guide du marin.** Résumé des
connaissances les plus utiles aux marins. 2 vol. in-8,
ensemble 1063 p., ornés de 300 gravures et de cartes
gravées sur cuivre, par Jacobs et Carré. . . . . . 20 fr.

LABRY (de), ingénieur des ponts et chaussées, attaché
au service municipal de Paris. **Utilité de l'ouverture permanente des villes fortifiées.** In-8 de 228 p. . . . 5 fr.

La mesure proposée par l'auteur a été adoptée par le
gouvernement français, et réalisée par le décret du 13
octobre 1863, sur le service des places.

LACROIX (Eugène). **Bibliographie des Ingénieurs, des Architectes, des Chefs d'usines industrielles, des Élèves
des Écoles polytechniques et professionnelles et des
Agriculteurs.**

La bibliographie des ingénieurs, des architectes et des agriculteurs paraît depuis le 1er janvier 1857. D'abord publiée
semestriellement, elle est devenue trimestrielle à la suite
de nombreuses demandes. 1857 à 1861, cinq années forment la deuxième série, 1 vol. in-8 de 186 p., avec table
méthodique et table des noms d'auteurs. La troisième
série, en cours de publication, sera réunie en 1 vol.
avec tables, à la fin de l'année 1865.

La première série, qui comprendra tous les ouvrages
remarquables parus antérieurement à 1857, est aujour-
d'hui sous presse, et la souscription en est ouverte.

Cette partie formera 1 vol. in-8 d'environ 800 pages,
y compris une table méthodique et une des noms d'auteurs ;
elle sera publiée par livraison, à partir d'avril 1864.

Prix : pour les souscripteurs. . . . . 20 fr.

On souscrit en adressant *franco,* à M. Lacroix, ladite
somme de *vingt francs,* en un mandat sur la poste ou en
timbres-poste.

A la réception de cette somme, M. Lacroix enverra :
1° Les livraisons parues de cette première série ;

2° Et à titre gratuit et *franco :*

La deuxième série, dont le prix est de 3 fr. et tous les numéros parus et à paraître de la troisième série, dont le prix par numéro est de 25 c. Cette série, qui sera terminée en 1865, aura donc 16 numéros, ce qui, à 25 c., représente . . . . **4 fr.**

Les souscripteurs ne paieront donc, par le fait, cette première série, 1 vol. de 700 à 800 p., que . . . . **13 fr.**

La souscription à 20 fr. sera fermée le 1er juillet 1864, et sera portée à cette époque à 30 fr.

LAHAYE (P.-M.). **Traité sur les causes des maladies organiques des arbres fruitiers,** moyens très-simples de les prévenir et de les guérir, etc., etc., 1re partie (arbres à pépins). Brochure in-8 de 43 p. . . . . **1 fr. 50**

LALLOUR (Edouard). **Observations pratiques sur la stabilité et la consolidation des terrassements.** Broch. in-4 de 16 p. avec 4 pl. . . . . **10 fr.**

(Tiré à 100 exemplaires.)

LARONCE (de). **Enseigne de vaisseaux.** Expériences sur le mouvement alternatif de rotation communiquant aux propulseurs marins. Propulseur-évolueur de Suet. Broch. in-8 de 20 p. et 1 table. . . . . **1 fr.**

LAURENS (A.-Ph.). **L'Élève des sangsues,** considéré sous le rapport commercial, industriel, agricole, humanitaire et hygiénique. 1 vol. in-8 de 93 p. . . . . **2 fr. 50**

LAVELEYE (A. de). **Histoire des vingt-cinq premières années des chemins de fer Belges.** 1 volume in-8 de 228 p. . . . . **5 fr.**

LECOQ. **Prix de réglement,** ou Tarif des travaux de jardinage. In-8 de 60 p. . . . . **3 fr.**

— **Le paysagiste.** Nouveau traité d'architecture de parcs et jardins (école moderne). In-folio, orné de 32 pl. et de plus de 100 plans de jardins, gravés sur acier. 1861 . **120 fr.**

LECOUTEUX (E.), directeur des cultures de l'ex-Institut agronomique de Versailles. **Guide du cultivateur améliorateur.** 1 vol. in-8 de 346 p. . . . . **4 fr.**

— **Principes de culture améliorante.** 2e édition. 1 vol.

in-12 de 402 p. . . . . 3 fr. 50

LEFRANÇOIS. **Tables des coefficients.** Broch. in-8 de 52 p.,
avec 2 tableaux. 1855 . . . . 4 fr.

LEGÉ (A.) et FLEURY-PIRONNET. **Procédé pour la conservation des bois au sulfate de cuivre.** Broch. in-8 de
110 p., 1 pl. . . . . 1 fr. 50

LEHON (H.). **Manuel d'astronomie, de météorologie et
de géologie**, à l'usage des gens du monde. 5e édition.
1 vol. in-12 de 352 p., bois dans le texte. 1860. . . 4 fr.

LELIÈVRE et BONNIFAY. **Traité complet de la mâture
et de la voilure** des vaisseaux, frégates et bâtiments de
tous rangs, en usage dans la marine militaire et la
marine marchande. In-8 avec atlas. . . . . 20 fr.

LEMAOUT (le docteur EMM.). **Leçons élémentaires de botanique**, fondées sur l'analyse de 50 plantes vulgaires.
2e édition. 1 vol. grand in-8 de 560 p.,avec pl. intercalées
dans le texte.
    Figures noires. 10 fr.
    Figures coloriées. . . . . 15 fr.

LÉON (JULES). **Manuel pour reconnaître les falsifications.**
Secours dans les empoisonnements. Mélanges. 1 vol. in-8
de 155 p. . . . . 2 fr.

LEPLAY (HIPPOLYTE). **L'impôt sur le sucre**, considéré au
point de vue des progrès à réaliser dans la fabrication
des sucres. Broch. in-8. 1863. . . . . 1 fr. 25

LEROUX (G.). **Nouveau système de rouissage et de teil-
lage du lin et du chanvre.** Broch. in-8 de 30 p. et 12 pl.
1863. . . . . 3 fr.

LEVEIL (J.-A.). **Vignole. Traité élémentaire pratique
d'architecture**, ou Études des cinq ordres d'après Jacques Barrozzio, dit Vignole. 1 volume in-4 de 72
planches. . . . . 10 fr.

LIÉGE DE PUYCHAUMEIX (EUGÈNE du). **Le conseiller du
débitant de boissons**, contenant la législation et tous les
renseignements indispensables aux gens qui exercent
cette profession. 1 broch. in-8 de 80 p. 1859. . . 1 fr.

LIMNEL (C.). **Tables relatives au tracé des courbes des**

chemins de fer. Broch. in-8 de 55 p. . . . . . 1 fr. 50

LINDELOF et l'abbé MOIGNO. **Leçons de calcul des variations.** 1 vol. in-8 de 352 p. . . . . 5 fr.

LOVE (G.-H.). **Mémoire sur la loi de résistance des piliers
d'acier** déduite de l'expérience, pour servir au calcul des
tiges de pistons, bielles, etc. Broch. in-8. . . . . . 2 fr.

— **Observations sur les prescriptions administratives,** ré-
glant l'emploi des métaux dans les appareils et constructions intéressant la sécurité publique. Broch. in-8
de 71 p. . . . . 2 fr. 50

LUGEOL (G.). **Nouveau système d'arrimage des bâtiments
de guerre français.** 1 vol. in-8 de 119 p. et pl. . . 8 fr.

MACHARD (H.). **Essai sur les prairies artificielles,** luzernes,
trèfle ordinaire. 1 brochure in-32 de 150 p. . . . . 1 fr.

MALAGUTI (F.). **Cours de chimie agricole** professé en 1860
à la Faculté des sciences de Rennes.

    1 vol. in-12 de 154 p. . . . . 1 fr.

    Idem   *id.*   1861. . . . . 1 fr.

    Idem   *id.*   1862. . . . . 1 fr.

MALFRAIN, capitaine en retraite. **Race chevaline.** Espèces
bovine, asine et ovine.

    Cours élémentaire d'hygiène hippique suivi de nom-
breux extraits sur la police du roulage, de la chasse, de
la pêche et des chemins de fer. 1 vol. in-8 de 216 p. et
tableau . . . . 3 fr.

MANGIN (ARTHUR). **Le Cacao et le Chocolat** considérés au
point de vue botanique, chimique, physiologique, agricole,
commercial, industriel et économique. 1 vol. in-12 de
328 p. . . . . 1 fr. 50

MARMAY (PIERRE), ancien meunier. **Guide pratique de la
meunerie et de la boulangerie.** 1 volume in-8 de 144 p.
et atlas de 9 planches in-folio . . . . 8 fr.

MARTIN DE VERVINS (ÉMILE). **L'Atomisme opposé au Dy-
namisme** dans la solution des grandes questions de chimie
et de physique. 1 volume in-8 de 228 p. Paris, 1862. 5 fr.

MAZAUDIER et LOMBARD. **Guide pratique pour la construction** des bateaux à vapeur à roues, à hélice et en fer,

formant le complément du guide d'architecture navale.
1 vol. in-8, avec plus de 60 fig. . . . . 10 fr.

Mémoires et comptes-rendus des travaux de la Société des Ingénieurs civils. Cette publication, publiée par les soins de la Société, paraît trimestriellement depuis le mois de mars 1848, par numéro de 10 à 12 feuilles de texte avec figures et des planches.— Prix de l'abonnement à l'année courante et de chacune des années écoulées, pour toute la France. . . . . 20 fr.

Pour l'étranger. . . . . 25 fr.

Les nouveaux abonnés qui prendront en même temps toutes les années parues ne les payeront que. . . . 16 fr.

Prix des n^{os} séparés pour toute la France. . . . . 7 fr.

—   pour l'étranger. . . . . 9 fr.

ERLY, charpentier à Angers. **Album du trait théorique et pratique ;** tracés, plans, épures, élévation, coupe, etc., à l'usage des travaux d'art et de construction. 1re série. 1 vol. oblong de 23 p. et 23 pl. . . . . 10 fr.

OIGNO (l'abbé). **Ponts à claveaux de voûte en fer ou en fonte,** système inventé par M. Jules Guyot. Protestation contre les ponts tubulaires sans tube de Conway et de Ménar. Broch. in-8 de 48 p. . . . . 1 fr. 50

OREAU (J.-P.), ancien meunier. **Le bon meunier,** ou l'art de bien moudre, etc., 2e édition entièrement refondue et augmentée. In-8 de 48 p. et tableau. . . . . . 1 fr. 50

ORIN. **Étude sur la ventilation.** 2 vol. in-8. . . . 18 fr.

Hydraulique. 1 vol. in-8 . . . . 9 fr.

Résistance de matériaux. Nouvelle édition, 2 volume in-8. . . . . 15 fr.

ORIN (A.) et TRESCA. **Mécanique pratique des machines à vapeur.**

Tome Ier. Production de la vapeur . . . . 9 fr.

Tome IIe. Sous presse.

De l'organisation de l'enseignement industriel et de l'enseignement professionnel. Broch. in-8 de 56 pages. 1862 . . . . 1 fr. 25

JFFAT. **Collection de machines à vapeur** pour servir aux

études pratiques de dessin et de lavis, contenant tous les types de machines à vapeur employées dans l'industrie. Elle se compose de 12 pl.

Collection coloriée. . . . . 30 fr. »
— noire . . . . 20 fr. »
Le cartonnage en sus. . . . . 2 fr. 50
Planche séparée, coloriée . . . . 3 fr. »
— noire. . . . . 2 fr. 25

MULLER (J.), professeur à l'Université de Fribourg. **Éléments de cristallographie**, traduits de l'allemand et annotés par Jérôme Nicklès. 1 vol. in-18 de 134 p. avec 123 bois dans le texte. (*Rare*.) . . . . 6 fr.

MULLER (P.). **Manuel du brasseur.** Guide théorique et pratique de la fabrication de la bière, etc. 1 vol. grand in-8 de 422 p., 71 grav. intercalées dans le texte. 15 fr.

MULLER (G.) fils, brasseur. **De la bière et de son traitement** dans la cave des débitants et à la vente au détail, etc. 1 vol. in-8 de 56 p., bois dans le texte. . . . . 1 fr.

OPPERMANN (C.-A.). **Nouvelles Annales d'agriculture** (voir Annales d'agriculture (nouvelles).

— **Portefeuille économique des machines, de l'outillage et du matériel.** Paraissant mensuellement par livraisons in-4 d'une feuille de texte et de 2 pl.

Prix de l'année . . . . 15 fr.
Huit années sont parues, 1856 à 1863.

— **Album pratique de l'art industriel.** Paraissant tous les deux mois, par livraison de 4 à 6 pl. avec texte.

Prix de l'année. . . . . 10 fr.
Sept années sont parues, 1857 à 1863.

— **Nouvelles annales de la construction.** Par livraisons in-4 d'une feuille de texte et de 2 pl.

Neuf années sont parues. Prix de l'année . . . . 15 fr.

PALAA (G.). **Dictionnaire législatif et réglementaire des chemins de fer**, contenant le résumé des documents officiels en vigueur et les principaux renseignements pratiques sur l'établissement, l'entretien, la police et l'exploitation des voies ferrées, personnel, exploitation

technique, matériel, voie, service commercial. 1 volume
grand in-8 de 736 p. 1864 . . . . 12 fr.

PALLADIO (ANDRÉ). **OEuvres complètes.** Nouvelle édition
contenant les 4 livres avec les planches du grand ouvrage
d'Octave Scamozzi, le traité des Thermes, le théâtre et
les églises, rectifié et complété par A. Chapuy, Corréard
et A. Lenoir. 1 vol. in-folio, relié. . . . . 200 fr.

PÈCLET (E.). **Traité de la chaleur** considérée dans ses applications. 2ᵉ édit. 2 vol. in-4 et atlas in-folio. (*Rare*.) 60 fr.

PELLETIER (EUGÈNE et AUGUSTE). **Le thé et le chocolat dans
l'alimentation publique** aux points de vue historique,
botanique, physiologie hygiénique, économique, industriel et commercial. 1 vol. de 140 p. . . . . : 1 fr.

PELOUZE et FREMY. **Traité de chimie générale, analytique, industrielle et agricole.** 3ᵉ édition, entièrement
refondue, avec nombreuses figures dans le texte. Cette
troisième édition comprendra six volumes grand in-8 com-
pacts. Les tomes I à III seront consacrés à la *Chimie
inorganique*, et les tomes IV à VI à la *Chimie organique*.
Les deux parties seront publiées simultanément.
Chaque volume se vend séparément . . . . 15 fr.
En vente les tomes 1, 2, 4 et 5.

PERDONNET (A.), ancien élève de l'École polytechnique,
professeur à l'École centrale des arts et manufactures,
administrateur des chemins de fer de l'est de la France et
de l'ouest de la Suisse, etc. **Traité élémentaire des chemins de fer.** 2ᵉ édition. 2 volumes in-8, avec nombreuses
figures et planches intercalées dans le texte. 1858. Les
deux volumes. (*Rare*.) . . . . 60 fr.

PERNY DE MALIGNY. **De l'exploitation des richesses mi_
nérales de la France.** Broch. in-8 de 52 p. . . . . 1 fr. 50

PETIT (H.). **Tables pour le tracé des courbes circulaires
et elliptiques de raccordement,** contenant la résolution
de tous les cas de la trigonométrie, le tracé des courbes
circulaires et celui de l'ellipse, avec problèmes et applications. 1 vol. in-8. . . . . 4 fr. 50

PETITCOLIN et CHAUMONT. **Portefeuille des principaux
appareils, machines, instruments et outils** employés

actuellement dans les différents genres de l'industrie française et étrangère et dans l'agriculture. 1 vol. in-4 de
texte et atlas de 88 pl. . . . . 40 fr.

PEYROU. **Le parfait maître de chai,** ou guide complet à
l'usage des propriétaires de caves, des commerçants de
liquides et de toutes les personnes qui ont des vins et
eaux-de-vie à soigner, etc. 1 volume in-8 de 336 pages
et 9 planches . . . . 5 fr.

PHILIPPE (ADRIEN). **Les montres sans clef,** ou se montant
et se mettant à l'heure sans clef. In-8 de 308 pages, avec
3 grandes pl. 6 fr.

PORTEFEUILLE **des Conducteurs des ponts et chaussées
et des Garde-Mines.** Recueil de mémoires, notes et documents pratiques relatifs aux constructions en général,
accompagnés de nombreuses planches d'ensemble et de
détails ; statistiques, prix de revient, renseignements, etc.

Le Portefeuille des Conducteurs des ponts et chaussées
paraît annuellement, depuis l'année 1860, par 10 livraisons
annuelles, composées chacune d'une feuille de texte in-
folio, à double colonne, et de 2 pl. double in-folio. Chaque
année forme une série ou volume in-folio.

Prix de l'abonnement annuel et de chaque série écoulée,
pour toute la France . . . . 15 fr.
Pour l'étranger . . . . 20 fr.

Pour toutes les personnes qui, en prenant l'année courante, prennent les séries écoulées. — Prix, par série,
pour toute la France . . . . 14 fr.
Pour l'étranger . . . . 19 fr.

POURIAU (A.-F.), docteur ès-sciences. **Éléments des sciences
physiques** appliquées à l'agriculture.

Chimie inorganique, suivie de l'étude des marnes, des
eaux, etc. 1 volume in-12 de 512 pages et 153 fig. dans
le texte . . . . 6 fr.

Chimie organique, comprenant : 1° l'étude des éléments
constitutifs des végétaux et des animaux ; 2° des notions de
physiologie végétale et animale ; 3° l'alimentation du bétail,
la production du fumier, etc. 1 vol. in-12 de 541 pages.,
avec bon nombre de figures dans le texte. . . . . . 6 fr.

– **Études géologiques, chimiques et agronomiques** des sols de la Bresse et particulièrement de ceux de la Dombes. In-8 de 154 p. 1858 . . . . 3 fr.

– **Météorologie agricole.** In-8. 2ᵉ mémoire. 30 pages et tableaux. . . . . 2 fr.

ROUTEAUX (A.). **De l'électro-magnétisme,** appliqué aux chemins de fer. 1 br. in-18 de 14 p. . . . . 1 fr.

AMBOSSON (J.) **La science populaire,** ou Revue du progrès, des connaissances et de leurs applications aux arts et à l'industrie. 1 volume in-18 de 494 pages. 1863. 1ʳᵉ année. 3 fr. 50

1864. 2ᵉ année. . . . . 3 fr. 50

ÉDUCTION **de l'alcool à tous les degrés,** proportions générales des mouillages et mélanges des spiritueux et des vins en toutes qualités, de tous crûs et en quantités quelconques, etc. 1 vol. in-12. . . . . 2 fr.

ICHARD (Tom.). **Étude sur la distribution des forces autour des axes,** dans les mécanismes assujétis à une rotation uniforme. Broch. in-8. . . . . 3 fr.

– **Les aciers académiques.** Broch. in-8. . . . . 3 fr.

OBERT (C.) **Méthode simplifiée** de teinture, de dégraissage, de blanchissage et de dessins de broderie. Broch. in-12 . . . . 1 fr.

OBIN (Taurin-Théodore). **Guide théorique et pratique des cultivateurs,** ou enseignement clair et précis de la science agricole moderne. 1 volume in-8 de 312 p. . . . . . 3 fr.

OHART (M.-F.). **Annuaire des engrais et des amendements.** Chaque année. . . . . 3 fr.

Paraît depuis 1860.

– (F.) **De la propriété en matière d'invention.** Défense du droit des inventeurs à l'occasion du projet de réforme de la loi de 1844. Broch. grand in-8 de 32 p. . . . 75 c.

ONDOT (Natalis). **Rapport de l'Exposition universelle de 1862.** Broch. in-4 de 75 p. . . . . 4 fr.

– **Notice du vert de Chine et de la teinture en vert chez les Chinois.** In-8 de 206 p. . . . . 12 fr.

– **Musée d'art et d'industrie.** In-4 de 46 p. . . . . 4 fr.

OSE (Henri). **Traité de chimie analytique,** analyse qualitative. In-8, avec fig. . . . . 12 fr.

— **Analyse quantitative.** In-8. 1862 . . . . 12 fr.

SCHACHT (H.). **Les arbres,** traduit d'après la 2e édit. allemande par Édouard MORREN. 1 vol. in-8 de 456 p., illustré
de 205 gravures sur bois, ainsi que de 5 pl. lithogra-
phiées. . . . . 12 fr.

SCHONFELD (BERNARD). **Sous-détails raisonnés,** propres à
servir à l'établissement des prix et au réglement des travaux de menuiserie. Grand in-8 de 88 p. . . . . . 6 fr.

SÉBILLOT et MAUGUIN. **Les eaux de Paris.** 1 vol. in-8
de 102 p. et 2 pl. . . . . : . . . . . . 1 fr.

SERGENT, ingénieur civil. **Traité pratique et complet de
tous les mesurages, métrages, jaugeages de tous les
corps,** appliqué aux arts, aux métiers, à l'industrie, aux
constructions, aux travaux hydrauliques, etc., enfin à la
rédaction des projets de toute espèce de travaux du ressort de l'architecture, du génie civil et militaire ; terminé
par une analyse et une série de prix de 775 articles, avec
détails sur la nature, la qualité, la façon et la mise en
œuvre des matériaux. 3e édit., entièrement refondue et
augmentée de 11 pl. 2 vol. in-8 de 1166 p. avec atlas
de 31 planches . . . . 32 fr.

SERRES (MARCEL DE). **Traité des roches simples et composées,** ou de la classification géognostique des roches
d'après leurs caractères minéralogiques et l'époque de
leur apparition. 1 vol. in-12 de 288 p. . . . . 3 fr.

SERVIÈRES (ACHILLE). **Tables Servières.** Barème nouveau,
donnant la solution immédiate d'un million de multiplica-
tions; réduisant à une soustraction les opérations de vinage
et de coupage les plus compliquées que puissent faire les
bouilleurs, distillateurs, etc. ; précédé d'une table donnant
le degré alcoolique réel des liquides spiritueux, à la température de 15 degrés centigrades, et terminé par une
méthode simple et succincte pour connaître la contenance
et la vidange des futailles construites régulièrement.
1 vol. grand in-4 de 208 p. 1858. . . . . 15 fr.

SIMMS (F.-OE.). **Construction des tunnels de Bleckingley**

et de Saltwood, traduit de l'anglais, avec des notes et des additions , par E. Santin, ancien élève de l'École des mines. 1 vol. in-18 de 167 p. et 10 pl. in-folio. 1845 . . . . 15 fr.

SOUS-DÉTAILS **raisonnés**, propres à servir à l'établissement des prix et au réglement des travaux de menuiserie, par Bernard Schonfeld , précédés d'instructions relatives aux matériaux qui y sont employés. Grand in-8 de 88 p. . . . . 6 fr.

— Marbrerie, poêlerie, fumisterie, fontainerie et plomberie, par L. Zégu. Grand in-8 de 62 p. . . . . 4 fr.

— Teinture, dorure, décors et vitrerie, par Z. Vernet. Grand in-8 de 59 p. 4 fr.

— Serrurerie, par V. Hulin. Grand in-8 de 45 p. . . . 5 fr.

— Couverture , par F. Corniot. Grand in-8 de 27 p. 4 fr.

— Charpente, par J.-B. Carrot. Grand in-8 de 23 p. 3 fr.

— Pavages et carrelages, par F. Bertou . . . . 3 fr.

— Maçonnerie , par G. Beumann. Grand in-8 de 53 p. 6 fr.

— Jardinage, par Lecoq. Grand in-8 de 60 p. . . . . 3 fr.

'ASSIN (Désiré.). **Des explosions foudroyantes des chaudières à vapeur;** de leur véritable cause, moyen infaillible de les éviter. 1 vol. in-18 de 345 p. . . . . 3 fr. 50

'ESTULAT (Henrion). **Viticulture moderne.** Préservateur champerois, appareils protecteurs contre la gelée, la coulure, etc. In-8 de 30 p. . . . . 60 c.

'HIERRY (Mieg). **Réflexions sur l'amélioration morale des classes ouvrières.** Discours industriel de Mulhouse. 28 mars 1860. Broch. in-8 de 16 pages . . . . 50 c.

'OLHAUSEN frères et GARDISSAL, ingénieurs civils, conseils en matière de propriété industrielle , artistique et commerciale. **Dictionnaire technologique.** 1er volume français-anglais et allemand ; — 2e volume : anglais-français et allemand ; — 3e volume : allemand-français et anglais. In-18, petit texte à 2 colonnes , de 400 à 500 p. Le volume. . . . . 7 fr.

    Les 3 volumes. . . . . 18 fr.

'ONDEUR (Ch.), chimiste-œnologiste. **Fabrication des liqueurs** sans alambic ni aucun autre appareil de distillation. 1 volume in-12 de 144 pages. Paris. 1862. . . 2 fr.

TRONQUOY (Camille). **L'industrie des résines et fabrication de l'essence de térébenthine.** Broch. in-8 de 24 pages . . . . 1 fr.

TOURETTE (S.), géomètre de première classe au cadastre. **Tracé des chemins de fer, routes, canaux.** Solutions théoriques et pratiques de toutes les difficultés du tracé. 1 vol. in-8 de 223 p. et 68 fig. (*Rare*) . . . . 20 fr.

VERNET (Z.). **Sous-détails raisonnés,** propres à servir à l'établissement des prix et au réglement des travaux de peinture, dorure, décors et vitrerie. Grand in-8 de 59 pages . . . . 4 fr.

VIDI. **Les anéroïdes.** 1 volume in-8 de 84 pages et bois dans le texte . . . . 2 fr.

VINOT (Joseph). **Solutions raisonnées de problèmes** donnés aux compositions écrites du baccalauréat ès-sciences. Séries de brochures in-18.
Chaque série. . . . . 50 c.

VITRUVE. **Les dix livres d'architecture,** avec les notes de Perrault. Nouvelle édition, revue, corrigée et augmentée d'un grand nombre de planches et de notes importantes par E. Tardieu et A. Coussin fils, architectes. 3 volumes in-4, reliés à la Bradel, en 2 vol. . . . . 35 fr.

WECKHERLIN (Aug. de). **Traité des bêtes ovines,** élevage, exploitation, amélioration des moutons. Étude des laines, traduit de l'allemand par Adolphe Scheler, professeur de zootechnie. 1 vol. in-12 de 386 p. . . . . 3 fr. 50

ZÉGU (L.). **Sous-détails raisonnés,** propres à servir à l'établissement des prix et au réglement des travaux de marbrerie, poêlerie, fumisterie, fontainerie et plomberie. Grand in-8 de 62 p. . . . . 4 fr.

ZORÈS (Ch. Ferdinand). **Album** contenant les profils, assemblages, dispositions, armatures, suspensions et entretoisages des fers Zorès, suivis de leurs diverses applications à la construction. 1 vol. in-folio, orné de 16 pl. 1863. Relié . . . . 25 fr.

BIBLIOTHÈQUE

DES

PROFESSIONS INDUSTRIELLES ET AGRICOLES

PUBLIÉE PAR

Eugène LACROIX, Éditeur

Sous la direction de **MM.** les **R**édacteurs des **ANNALES**
DU GÉNIE CIVIL

AVEC LA COLLABORATION

D'INGÉNIEURS ET DE PRATICIENS FRANÇAIS ET ÉTRANGERS

COLLECTION

DE

GUIDES PRATIQUES

A L'USAGE

des **C**hefs d'usines, des **C**ontre-**M**aîtres, des **O**uvriers,
des **A**griculteurs, des **É**coles industrielles

MIS POUR QUELQUES-UNS A LA PORTÉE DES GENS DU MONDE

Cette Bibliothèque est composée momentanément de **Neuf**
séries, qui se subdivisent comme suit :

Série F. — Professions militaires et maritimes. . .   10 vol.
   »   G. — Professions industrielles . . . .   58 »
   »   H. — Agriculture, Jardinage, etc . . . .   48 »
   »   I. — Économie domestique, Comptabilité,
                 Législation, Mélanges . . . .   17 »

MODE DE SOUSCRIPTION.

Toutes les personnes, qui désirent se procurer un ou plusieurs des ouvrages publiés, sont priées de le faire savoir par la désignation du numéro de la série, et d'en envoyer le montant par une valeur à vue sur Paris, ou un mandat sur la poste.

CATALOGUE DES VOLUMES PUBLIÉS.

SÉRIE A.

SCIENCES EXACTES.

Nº 7. Guide de **Perspective pratique**, par M. YSABEAU. 1 vol. de 164 pages et 11 planches in-4°. . .   3 fr.

SÉRIE B.

SCIENCES D'OBSERVATION.

Nº 4. Guide pratique de **Télégraphie électrique**, ou *Vade-mecum* pratique à l'usage des employés des lignes télégraphiques, par M. B. MIÉGE, directeur de station de lignes télégraphiques. xi-148 pages, avec figures dans le texte. . . . .   2 fr.

1° 7. Guide pratique de **Chimie élémentaire**, par M. J. GARNIER jeune, professeur à l'Ecole de commerce et d'industrie de Paris et à l'École préparatoire d'Alfort. 1 vol. de 304 pages, avec 3 pl. comprenant 85 fig. . . . . 2 fr.

1° 9. Guide pratique d'**Analyse qualitative**, par M. le docteur H. WILL, traduit de l'allemand, par M. le docteur G.-W. BICHON, 1 vol. de 248 p. . 1 fr. 50

SÉRIE C.

ART DE L'INGÉNIEUR, PONTS ET CHAUSSÉES, CONSTRUCTIONS CIVILES, ETC.

N° 1. Guide pratique du **Géomètre arpenteur**, comprenant l'arpentage, le nivellement, la levée des plans, le partage des propriétés agricoles, etc., par M. P.-G. GUY, ancien élève de l'École polytechnique, etc.; 2° édition, revue, corrigée et augmentée. 1 vol. de 376 pages, 5 pl., 231 figures . . . . . . 3 fr. 50

N° 26. Guide pratique du **Constructeur**. Dictionnaire des mots techniques employés dans la construction, a l'usage des architectes, propriétaires, entrepreneurs de maçonnerie, charpente, serrurerie, couverture, etc., par M. L.-T. PERNOT, architecte-vérificateur. 3° édit. 1 v. de 370 p. . . . . . . 3 fr. 50

N° 27. Guide pratique, ou **Notions générales sur les Chemins de fer**, statistique, histoire, exploitation ; accidents, organisation des compagnies, administration, tarifs, service médical, institutions de prévoyance, construction de la voie, voitures, machines fixes, locomotives, nouveaux systèmes, etc., par M. A. PERDONNET, ancien élève de l'École polytechnique, directeur de l'École centrale des arts et manufactures, etc., etc. 1 vol. de 452 pages, avec de nombreuses figures dans le texte . . . . .   5 fr.

SÉRIE D.

MINES ET MÉTALLURGIE.

No 3. Guide pratique de **Métallurgie**, où Exposition détaillée des divers procédés employés pour obtenir les *métaux utiles*, précédé de l'essai et de la préparation des minerais, par MM. D... et L... 1 vol. de 347 pages et 8 planches. . . . .   2 fr.

No 11. Guide pratique de la **recherche**, de l'**extraction** et de la **fabrication** de l'**Aluminium** et des **Métaux alcalins**, par MM. Charles et Alexandre Tissier, chimistes-manufacturiers. 1 vol. de 215 p., 1 planche et figures. . . . .   3 fr.

No 14. Guide pratique, ou l'Art du **Maître de forges**. Traité théorique et pratique de l'exploitation du fer et de ses applications aux différents agents de la mécanique et des arts, par M. Pelouze. 2 vol., ensemble de 806 pages et atlas de 10 planches. . . . . .   5 fr.

No 15. Guide pratique de **Minéralogie usuelle**, par M. Drapiez. 1 vol. . . . .   2 fr.

SÉRIE F.

PROFESSIONS MILITAIRES ET MARITIMES.

No 6. Guide pratique du **Commandant de navire à vapeur**, par M. Aristide Vincent. 1 vol. de 285 pages et 2 planches . . . .   2 fr.

SÉRIE G.

PROFESSIONS INDUSTRIELLES.

N° 1. Guide pratique de **Tissage**. — PREMIÈRE PARTIE. Exposé complet de la fabrication des tissus, par M. T. BONA, directeur de l'École de tissage et de dessin industriel de Verviers. 1 vol. de 169 pages et 1 atlas de 60 planches. . . . . 3 fr.

N° 2. — DEUXIÈME PARTIE. Composition des tissus. 1 v. de 172 p. et 1 atlas de 56 pl. . . . . 3 fr.

N° 9. Guide pratique de la **connaissance** et de l'**exploitation** des **Corps gras industriels**, contenant l'histoire des provenances, des modes d'extraction, des propriétés physiques et chimiques du commerce des corps gras ; des altérations et des falsifications dont ils sont l'objet, et des moyens anciens et nouveaux de reconnaître ces sophistications, par M. Théodore CHATEAU, chimiste, ex-préparateur au Muséum d'histoire naturelle, etc., etc., à l'usage des chimistes, des pharmaciens, des parfumeurs, des fabricants d'huiles, etc., des épurateurs, des fondeurs de suif, des fabricants de savon, de bougie, de chandelle, d'huiles et de graisses pour machines, des entrepositaires de graines oléagineuses et de corps gras, etc. 1 vol. de 386 pages ou tableaux. . . . . 4 fr.

N° 23. Guide pratique du **Bijoutier**. Application de l'harmonie des couleurs dans la juxtaposition des pierres précieuses, des émaux et de l'or de couleur, par M. L. MOREAU, bijoutier et dessinateur. 1 vol. de 108 pages, avec 2 planches . . . . . 2 fr.

N° 26. Guide pratique du **Joaillier**, ou Traité complet des pierres précieuses, leur étude chimique et minéralogique, les moyens de les reconnaître sûrement, leur valeur approximative et raisonnée, leur emploi, la description des plus extraordinaires et des chefs-d'œuvre anciens et modernes auxquels elles ont concouru, par M. Ch. Barbot, ancien joaillier. 1 vol. de 576 p., 3 pl. renfermant 178 fig.   5 fr.

Nº 31. Guide pratique, ou l'Art de fabriquer la **Porcelaine**, par M. Bastenaire-Daudenart, ex-manufacturier. — Tome Ier. Terres, moules, broiement, moulage. 402 pages et 2 pl. . . . .   5 fr.

Nº 32. Tome II. Combustibles, cuisson, émail, dorure et peinture. 1 vol. de 442 pages . . . .   5 fr.

Nº 33. Guide pratique, ou Art de fabriquer la **Faïence**, par le même. 1 vol. de 480 p. et 2 pl. . . . . . .   5 fr.

Nº 43. Guide pratique de la fabrication des **Cosmétiques** et **Parfums**, contenant la description des substances employées en parfumerie, les altérations ou falsifications qui peuvent les dénaturer, etc.; les formules de plus de 500 préparations cosmétiques, huiles parfumées, poudres dentifrices, épilatoire; eaux diverses, extraits, eaux distillées, essences, teintures, infusions, esprits aromatiques, vinaigres et savons de toilette, pastilles, crèmes, etc., par M. le docteur Adolphe Benestor Lunel, membre des Académies impériales des sciences de Caen, Chambéry, etc., ancien professeur de chimie et d'histoire naturelle, etc. 1 vol. de 215 p.. . . . .   5 fr.

SÉRIE H.

AGRICULTURE, JARDINAGE, ANIMAUX DOMESTIQUES, APICULTURE, PISCICULTURE, ETC.

Nº 2. Guide pratique d'**Agriculture**. Traité élémentaire, par M. H. Hervé de Lavaur, propriétaire agriculteur, membre de la Société d'agriculture et d'horticulture de Châlon-sur-Saône. 1 vol. de 236 p.   2 fr.

N° 7. Guide pratique de l'emploi et de la conduite des **Machines agricoles** en général et des **Machines à vapeur rurales** en particulier, par M. Jules GAUDRY, ingénieur au chemin de fer de l'Est, membre du jury international du concours universel agricole de 1856, du concours régional de Versailles en 1858, etc. 1 vol. de 100 pages. . . . . 1 fr.

N° 9. Guide pratique de **Chimie agricole**. Leçons familières sur les notions de chimie élémentaire utiles au cultivateur, et sur les opérations chimiques les plus nécessaires à la pratique agricole, par M. N. BASSET, auteur de plusieurs ouvrages d'agriculture et de chimie appliquée. 1 vol. de 336 p. . . . . . . 3 fr.

N° 17. Guide pratique de l'**Éducateur de lapins**, par M. MARIOT-DIDIEUX, vétérinaire en premier aux remontes de l'armée. 1 volume de 162 pages . . . . . . 2 fr.

N° 18. Guide pratique de l'**Éducation lucrative des poules**, ou Traité raisonné de Gallinoculture, par le même. 1 vol. de 444 p. . . . . 3 fr. 50

N° 20. Guide pratique du **Pisciculteur**, par M. Pierre CARBONNIER, pisciculteur, fabricant d'appareils à éclosion, membre de plusieurs Sociétés savantes, etc. 1 vol. de 200 p., figures dans le texte. . . 2 fr.

N° 21. Guide pratique du **Chasseur médecin**, ou Traité complet sur les maladies du chien, par M. Francis CLATER, vétérinaire anglais ; traduit de l'anglais sur la 27e édit. 3e édit. française, corrigée et augmentée, par M. MARIOT-DIDIEUX. 1 vol. de 189 pages . 2 fr.

N° 23. Guide pratique du **Vétérinaire** et du **Maréchal** pour le ferrage des chevaux et le traitement des pieds malades, par M. Joseph GODWIN, médecin-vétérinaire des écuries de Sa Majesté Britannique ; traduit de l'anglais. 1 vol. de 244 pages et 3 pl. 2 fr.

N° 28. Manuel pratique de **Culture maraîchère**, par M. COURTOIS-GÉRARD, marchand grainier, horticulteur. 4e édition. 1 vol. de 396 p. et figures dans le texte . . . . 3 fr. 50

3

Nº 38. Guide pratique de la **culture de l'Olivier**, son fruit et son huile, par M. Joseph REYNAUD (de Nîmes), négociant et manufacturier. 1 vol. de 300 pages. 3 fr.

Nº 41. Manuel pratique de **Jardinage**, contenant la manière de cultiver soi-même un jardin ou d'en diriger la culture, par M. COURTOIS-GÉRARD, marchand grainier, horticulteur. 6ᵉ édition. 1 volume de 396 pages et 1 pl. . . . . 3 fr. 50

Nº 48. Guide pratique de l'**Acclimatation des animaux domestiques**. Étude des animaux destinés à l'acclimatation, la naturalisation et la domestication, pouvant servir de *Guide au jardin d'acclimatation ;* par M. le docteur B. LUNEL, ancien professeur d'histoire naturelle, etc. 1 vol. de 200 pages, avec figures dans le texte . . . . 2 fr.

SÉRIE I.

HISTOIRE NATURELLE, ÉCONOMIE DOMESTIQUE, COMPTABILITÉ, LÉGISLATION, MÉLANGES.

Nº 1. Guide pratique de la **fabrication des vins factices** et des boissons vineuses, en général, par M. L.-F. DUBIEF, chimiste. 1 vol. de 72 pages. . . . 1 fr. 50

Nº 16. Manuel ou Eléments d'**Ethnographie**, par M. J.-J. D'OMALIUS D'HALLOY. 4ᵉ édition. 1 vol. de 128 pages, avec 1 planche en couleur. . . . . 2 fr.

Nº 17. Guide pratique de **Sténographie**, par M. Charles TONDEUR. 1 volume. . . . . 1 fr.

SAINT-NICOLAS, PRÈS NANCY. — IMP. DE P. TRENEL.

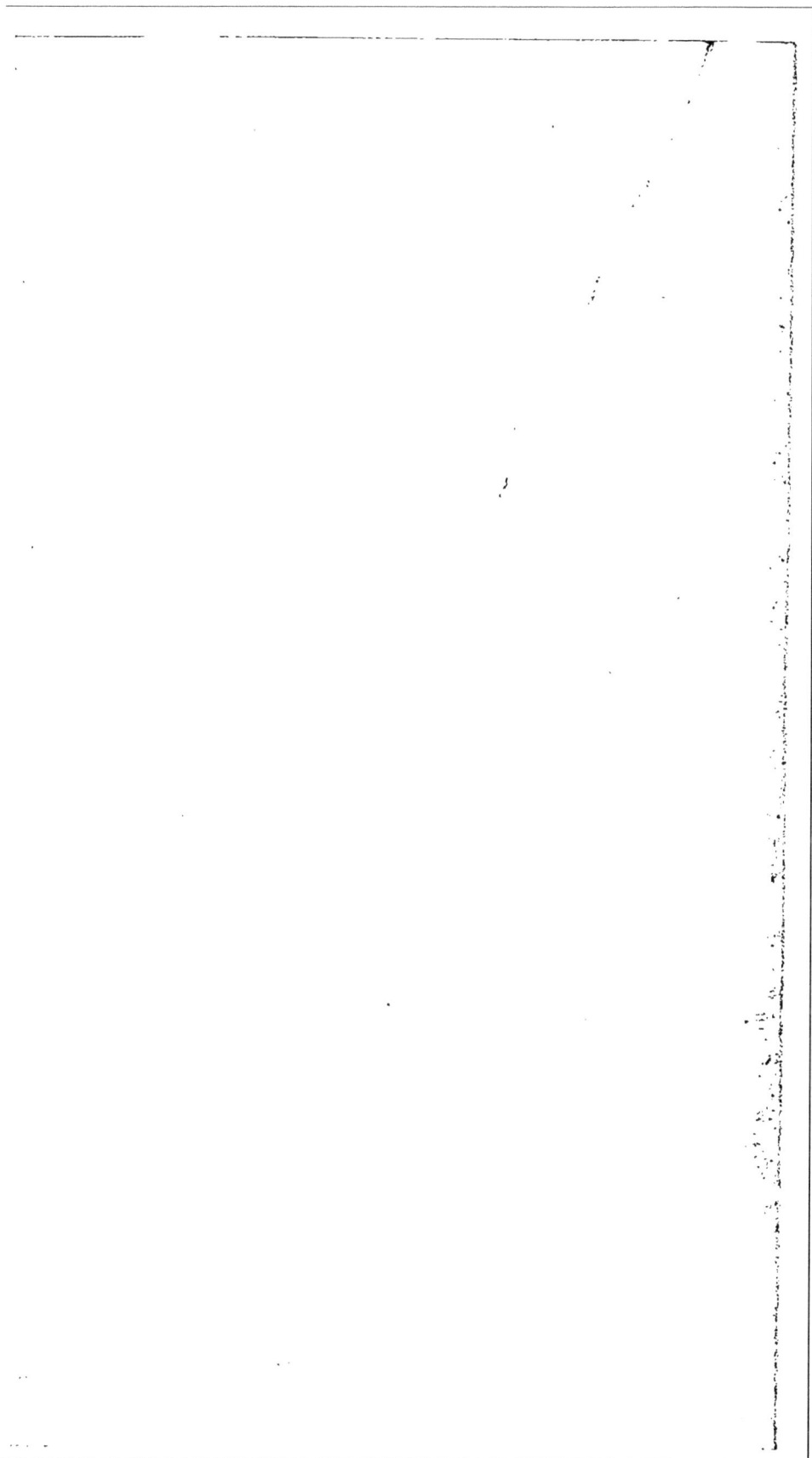

www.ingramcontent.com/pod-product-compliance
Lightning Source LLC
Chambersburg PA
CBHW071628200326
41519CB00012BA/2204